山林書院叢書 5

民國廢核元年

——廢四核、清核廢，全國接力行腳（一）

陳玉峰、陳月霞 輯・著

前衛出版

謹以本書，

題獻台灣歷來的反核義人！

感恩贊助

一、黃文龍 20 萬元；黃勵爵 3 萬元；釋海稅 6 千元；蔡淑卿 5 千元；郭香吟 2 千元；柯文凱 2 千元；陳慧珍 2 千元；沈淑端 6 千元；易欣梅 1 千元；行者 LJH 5 萬元；顏瓊芬 3 萬 4 千元；簡子倫 1 千 5 百元；蘇振文 2 萬元；林玲真 1 萬元；張長佑（康文彬代）5 萬元；鄭仰君 1 萬元；大肚魚 USD500 元；許淑蓮 10 萬元。（註：筆者未公開募款，感恩諸大德自動捐輸！）

合計：52 萬 9 千 5 百元整。USD500。

二、歸行腳隊伍部分：（經由陳玉峯轉交部分）

廖清校 6 千元；李財吉支援運輸人員貨車；王小隸 1 萬元。

三、陳玉峯 2013 年 4 月以降支付反核各項捐、贊助支出，以及文書、購贈書、服裝、差旅、雜支、人事費等，約 126 萬餘元（2013 年 11 月 8 日為止）。

我們的主要訴求

1. 立即廢核四！核一、二、三儘速除役！

2. 尋求國際合作，限期清核廢，還我無核汙環境！

3. 限期制訂永世國土計畫暨世代環境政策，無論任何政黨執政，不管誰當總統、院長，皆該永世奉行！

4. 全力發展綠能產業，解散怪獸電力公司！

5. 立即修訂鳥籠公投法，還我有效直接民權！

主傳單之一

蔡智豪撰文

台灣絕對經不起一次核災

⊙台灣是全世界唯一把核電建在500萬人口的首都圈內的國家。

⊙核子損害賠償法《第24條》:「核子設施經營者對於每一核子事故，依本法所負之賠償責任，其最高限額為新台幣42億元。」

台灣核電廠若發生核災，台電最多賠償每位國民182元。

台灣97%的人不知高階核廢料在哪裡？

⊙今周刊調查:「台灣97%的人不知高階核廢料爆量儲放在核電廠內」。

⊙目前在核電廠的高階核廢料已達到1萬6千多束，它們的輻射劑量比23萬顆廣島原子彈還要多，換句話說，平均每1百個台灣人可以分到1顆原子彈。

台電每年焚燒低階核廢料

⊙台電為減少低階核廢料的容積，每年焚燒數千桶低階核廢料。

⊙民間團體發現台灣的輻射背景值是自然背景值的2~4倍。

⊙民間團體認為台灣的輻射背景值偏高，政府應主動調查並說明。

台灣立即廢核也絕對不缺電

⊙能源局統計台灣核電發電僅占 10.2%。

⊙台灣尖峰用電時段，電力備用容量高達 23.4%。
電力備用容量＝發電量－用電量

⊙台灣就算立即廢核電 (23.4%-10.2%=13.2%)，電力備用容量率仍有 13.2%，這比其它國家都高，日本 7~9%、韓國 7.2%、加拿大 6.4%、德國 5.0%。

電價上漲是因獨佔、劫貧濟富

⊙台灣的電量供過於求，電價卻上漲(理應下跌)，原因是電力產業為台電獨佔，台電把經營效率不彰轉嫁人民，將人民當作提款機。

⊙ 2007~2011 年台電售電成本約 2.714 元 / 度，工業用電售價 2.284 元 / 度，民生用電售價 2.734 元 / 度。工業用電售價約比發電成本低 0.43 元，這是劫貧濟富，漲民生的電價，補貼財閥電費。

台灣的替代能源的政策不是有無的問題，而是為與不為的問題。

⊙國內還有很大的進步空間，可改善節能措施，提高能源使用效率，台灣也具備發展地熱、洋流、太陽能等等發電的潛能。節能與綠能開發雖然很辛苦，但卻是一條一定要走的路，因為台灣經不起一次的核災。

廢核就是大慈悲、大奉獻

⊙廢核的心念不是為了一己之私，而是為了世世代代的子孫，為了千千萬萬人的生命，這樣的心念就是「慈悲」，就是「功德」，就是「善」。

⊙眾人「善的凝聚」將讓國家出現希望的契機，我們倡導世代正義，敬邀您加入 2014 年（未定）廢核大圍城（台北）的行列。

弁 言─世代公義

立即停建核四在全國民意支持下，可以只是若干行政程序的問題。而核電、核工產業連鎖網，以及當權邪靈，在維護其短暫利益的心態及行為，我們可以理解，我們但以悲憫心看待世間諸相，更願以至誠，回向這批擁核執事暨其相關網鏈，但我們必須面對殘酷的事實，即核廢怎麼處理？

停建核四僅止於不讓鉅碩無比的毒瘤持續長大，且擴張到台灣境外。

核一至核三的宿癌，早已坐大成為萬年不壞的世代夢魘，如何鎮魔而降低風險，毋寧得花數代才能弭平，除非有奇蹟或超自然異象發生！對南部人而言，核三逃命圈的陰霾卻始終得不到應有的重視或在乎，台灣當局愚民的洗腦做得「真好」！

眾所皆知，全世界427座核電反應爐至2013年7月的年齡，平均為28歲，而台灣則更老，平均32歲。一般反應爐除役年限為40年，也就是說，以一個人的壽命是100

歲計，則台灣的反應爐今年已是80歲的風燭殘年或老年期了！而反應爐「死了」以後，那些「萬年僵屍」活力旺盛，隨時可爆出來屠殺眾生啊！何處可以永久存放且可確保它不出來作怪，什麼容器可確保幾年，而鎮得住「僵屍」不往外跳？什麼地點又可確保萬年沒斷層、無地震或地體風險？

答案很清楚，無解，沒人可解決，也就是說，台灣人是醉生夢死，七月半鴨不知死活！而要加蓋核四廠，當然是會加重更無法想像的危機，帶給當代及無窮的未來(假設台灣還有世世代代子孫存活)無限的夢魘！

這代人沒有權力與權利，決定後代子孫悲慘的未來！

我們的訴求明確，哲學或價值依據是世代公(正)義、生態倫理！

2013年5月12日筆者前往台北許龍俊醫師家中，會晤曹偉豪等青壯世代，曹開始構思環島行腳；5月19日筆者參加環保聯盟舉辦的反核遊行；此間，從事各地反核演講等事工；6月1日前往雲林虎尾，參加「雲林廢核聯盟成立大會」，作專題演講；6月26日，邀請筆者的學生友人等會談，明揭廢核行腳事宜，而余國信等人積極籌畫，勞心勞力開始各地串連；7月12日，筆者前往嘉義，參與嘉義廢核聯盟成立大會，作專題演講；8月下旬，余國信連結北部反核團體等，責成8月29日召開廢核接力行腳記者會，會中筆者宣稱五代同堂大反核，並完成世代交替，交棒於青壯世代。

2013年9月14日，筆者南下高雄橋頭白屋，列席南台灣廢核行腳工作會議；9月15日延請方儉及青壯菁英，再作廢核行腳會議；10月10日則參與行腳啟程。

筆者忝為行腳發起人，但已公開說明世代交替，並未參與行腳行動事宜決策，故只先就個人撰寫等文稿，輯成本小冊，期能為行腳，乃至全國廢核運動，提供微不足道的助力。

事實上，自從日本福島災變發生以後，台灣發生了前所未有的反核反思，筆者欣見全國仁人志士排山倒海的義舉，如今，但以一介布衣公民的基本責任自許，不自量力地先行輯此小冊，作為反核運動的小小剪影，至於整個廢核行腳的龐多艱辛歷程、史實，但盼青壯年世代發揮，共同了卻當代台灣人的天責！是為序。

陳玉峯(2013.10.25)

目次

參、行腳啟程

肆、附錄

壹 《廢核四百萬人環島接力行腳》

1.《廢核四百萬人環島接力行腳》共同發起人邀請函

陳玉峯(2013.8.20)

敬愛的＿＿＿＿＿大德尊前：

為找回並開創當代台灣的理想性、正當性及公民主體性，基於社會公義、世代正義暨生界前途，我們這代人責無旁貸，必須立即廢除核四夢魘。核四問題拖延一天，凌遲台灣人民一天；一旦百萬人民站出來，核四半天可解決！而臨門這一腳，有待任何人的參與、支持、鼓舞與影響！

奉良知、土地倫理、任何信仰之名，筆者以裸真、赤誠、謙卑的心情，拜請閣下共同擔任《廢核四百萬人環島接力行腳》運動的發起人，期盼藉重閣下的令譽及影響力，為台灣、為世代，種下台灣的新善根與真福地。

關於核電、核災的龐雜問題毋庸再予置喙，但就「廢核電、清核廢」的目標而言，廢核四只是第一步。即令台灣達成「非核家園」的理想，也只不過是清除我們過往所埋鑄成或縱容的一部分「共業」；人活著不只是靠藉食物，還有種種大我的天責，值得關懷與付出，從而開創社會暨人類尚未存在的善良與美德，但願台灣人再度一齊由廢核四來展開！

之所以冒昧拜請閣下擔任共同發起人，乃社會公認閣下具足時代象徵代表暨領導人或意見領袖等清譽。而所謂領導人至少具備：「當他站起來時，成員已知該走向何方」、「當他走到任何地方，就帶給該地方人們的希望、生機與力量」等等特質，您的首肯，必將帶動台灣智慧、慈悲、行動與改變的大契機！

筆者反核將近 30 年，一生迄今恆不退轉於生態保育、環境保護的崎嶇路，從事筆耕、環教、運動、種種弱勢救贖與世代改造事工也一直不遺餘力。而一輩子奮戰不懈雖然無功無德，但堅信做到過去戰鬥、現在戰鬥、將來戰鬥、死後戰鬥！

2013 年 3 月 5 日，筆者尾隨 MIT 拍攝團隊登上中央山脈大縱走最後一座百嶽一卑南主峯頂，主持人要求每個人說句感想，筆者說：「我有一個願望。過去數十年來我們一直在搶救山林，後來我才明白，並非我們在搶救山林，而是山林從來在搶救我們！但願世世代代的子孫跟我們一樣，還是可以看得見這片天造地設的美景，但願大家一齊來捍衛這片天地！」說完，筆者躲到一旁淚流滿面。

2013 年 6 月 9 日，筆者參與台中「茄苳公守護運動」，應邀講述茄苳生態議題，最後強調一生為綠色生界請命，「如果我有前世，必也是山林中的修行人；如果我有來生，但願我是最最惡劣土石流區的一株大樹，在被肢解之

2013 年 3 月 5 日筆者跟隨 MIT 南一段縱走，登上卑南主峯，發出一生願力之一。圖背景山頭即卑南主山。左陳月霞，右筆者。

卑南主峯頂(2013.3.5)。

2013 年 6 月 3 日筆者勘查台中中港路後壠仔茄苳公，站立者蔡智豪先生，此圖右側大樹幹上，天然浮字「玉峯」，責成筆者全力投入保衛戰。

台中市茄苳公樹幹的浮字「玉峯」(2013.6.3；後壠仔)。

2009 年 1~2 月印尼搶救熱帶雨林行。

前，在粉身碎骨之前，我還是吶喊，還是要伸出每條根系，牢牢地捍衛我們共同的母親母土！」

2009 年筆者在印尼搶救熱帶雨林的悲憤，夥同數十年台灣保育、環運的滄桑，筆者由青絲轉白髮，但聲嘶力未竭、哀莫大於心不死。近 6、7 年來，則埋首台灣宗教哲學的學習，如今大致洞燭台灣體制及宗教、人心、價值觀等結構性問題，而值此運會之趨，自不能置身度外，或可由多面向，善盡小我微薄的心力，故而鼓起餘勇，誠懇邀

筆者一生反核的核心理念在於世代公義，這代人沒資格決定子子孫孫悲慘的未來！圖為反核隊伍中母親與小孩，她的訴求「平安未來」(2013.3.11; 台中反核運動)。

小孩手持「堅決反核，誓死護土」，政客們能否發揮良心？(2013.3.11；台中反核運動)

請閣下，鉅細靡遺大指點，則乃筆者三生之幸，更是台灣生界的福氣！

相信此一接力行腳運動在閣下指導之下，必將大展宏圖。而廢核四之外，此一運動可以揭開後續諸多鄉鎮基層紮根的公民寧靜革命，提昇公民社會基礎涵養。誠如全球典範建築的結構，大抵由健全的基本模組所打造，原則上，**本運動將產生全國各地區諸多公民團體，且各團體各自獨立自主而串聯合作，所謂「獨立自主」的內容包括：**

成員組織、運作方式、經費籌募及運用（但必須公開、透明、公正無私）、**組織未來發展等等，發起人等只在理念、宗旨等大面向統合之，且無條件奉獻心力**。而廢核四的首要目標，將在行腳最後一站，凱道上滙聚發聲！

至於未來龐多國是議題，在閣下的指導下必將陸續產生，筆者也將不斷學習與研撰。而必須在此贅述者，筆者一生奉行學術研究者的一種習氣，幾乎無有社交，本運動最主要的創發、連結，端賴青、壯朋友們的熱血牽引或啟發，例如國信、偉豪、嘉陽、本全、根政、智豪、仁邦、梓皓、瑞媛、翰聲、威任、阿鬨……，而且，此一善念雪球刻正愈滾愈龐大，原因無它，只有無私、無我才可能成就悲、智雙運的大我運動。

佛陀十大弟子之一，號稱「說法第一」的富樓那(Purana)有次要到閉塞落後的國度去布教，臨行，佛陀考驗他：

佛說：「那裏的人很野蠻，不僅不接受你的布教，還會罵你！」

富樓那答：「只是罵我，並不打我，這說明他們並不太野蠻。」

「如果他們用拳頭、棍棒打你呢？」

「他們只是用拳頭、棍棒，至少並非用刀杖傷我啊！」

「如果他們用刀杖傷你呢？」

「他們只是傷我，並不打死我呀！」

「如果他們打死你呢？」

「啊！那就太好了，他們幫我進入涅槃了！」

筆者正在向青、壯朋友們學習如是精神與實踐之道。沒有一片春芽記得那片落葉的滄桑，每片落葉化作春泥更護花，每片春芽也將變成落葉，此間，世代之間，穩穩傳遞、創發著土地的芬芳，以及不斷更新、開創的典範與普世價值觀。

人活著絕非只是一生、一世的事，沒有前世、今生、來世，以及世代的傳承並予發揚的感受與領悟，我們的靈魂似乎也沒有依歸，生命的意義或許也缺了一大塊，任何成就或免不了存有若干虛無與空滅感！但盼閣下挺身而出，引領全民賦予一輩子一段最具意義的公義活動—廢核電、清核廢運動！

全國同胞們！地不分東西南北，人不分男女老少，意識不分紅、橙、黃、綠、藍、靛、紫、黑與白，還給台灣一片淨土是全民最大的公約數吧！

謹此，

無限感謝與祝福！

末學

陳玉峯 百拜

附錄乃今年筆者相關本運動的小文章，以及青壯朋友的《百萬人廢核四環島接力行腳》計畫草案，一切理念、行動，期待閣下的加入而修正、調整！

2. 五六運動講稿

(2013.5.31)

有人問我「五六運動」是賣洗髮精的嗎？我回說：「是免費贈送去汙力最強的那一種，可以洗掉世代的陰霾，以及你頭頂上恐怖的惡靈！」

1939 年，20 世紀最偉大的心理分析師之一的楊格 (C.G.Jung; 1875-1961) 敘述：「……我們這一代，勢力最龐大的群眾運動是何？恐怕就是嘗試攫取他人錢財，並設法不被人攫取的運動吧！大家拚命地訓練自己去套上各種主義、學說，用來掩飾、隱藏想要奪取更多財富的動機！」74 年後的今天如何？何處不拜金，而台灣是晚了一些，直到 1980 年代以後，五路財神廟才不成比例地猛然暴增，貧富差距也隨之惡化到約近 30 倍（全台灣所得最高的 5 分之 1 人的平均所得，比最低的 5 分之 1 的人的平均所得），而誰都知道，這主要是跟制度設計不良、欠缺分配正義有關。

而在一片物化的洪流中，五六運動殺出了一股清新，正是我期待一、二十年來的「文化創意派」的一種示現，在此先向發起人等致上敬意。

過往，我曾經強調：「所謂本土，必然是全球任一地區的整體生態系，預留給現今成熟民主制度下，文化創意派的茁壯，也就是後現代注重身、心、靈的族群，他們關切生命整體意義的體現，自主選擇消費新模式，他們正在產生未來社會的新典範。以西方而言，此一族群人口約在 2~3 成，且正快速增長中；以台灣而言，正是各行各業或創新行業裏，不太熱衷統獨藍綠或古老騙取選票術的謀權遊戲，他們在現行制度下，偶爾投票或經常放棄，他們即將或正在領導未來，但現今欠缺凝聚他們的政黨。他們具有強烈的自主或主體性，截然不同於舊價值系統或古典範。」「……所謂『台灣意識』的族群或可粗放區分為老、中、青，分別代表獨立國家、公民社會及主體公民的不同層級 (hierarchy) 的主訴求，而筆者認為，該是加上『全球級』的時候了，由主體公民加上正在形成的世界觀，正是台灣未來的主流政黨……」（陳玉峯，2011，《山海千風之歌》，242-245 頁。）

不涉政治，事實上也是一種政治，至少是表相、態度的逃避而已，何況整個核四幾乎完全就是政治，只不過文化創意派不喜歡時下愚蠢的劃分或靠邊站而已。長年來，明眼人一目了然，所謂深藍，絕非馬先生或系列藍營的政治人物；所謂深綠，絕非小英或許多綠營的天王，真正的深藍、深綠是一羣羣基層，他們或因特定際遇，或深受某種政治意識的催眠，而轉變成類似信仰型的特定堅定與顢頇，他們似乎從未從其「信仰」中獲取任何利益或好處，卻隨時可以為它而犧牲。政客不分紅、橙、黃、綠、藍、靛、紫，而只清一色唯利是圖！

附帶地我也要呼籲，不要再罵某某人笨了！早在上個世紀的哲學家羅素(Russell，1872-1990，英人)即已揶揄過了：「民主政治至少有一點可取，也就是一個國會議員(或總統)不可能比他們的選民更愚蠢，因為，如果他(們)太蠢，選民再選他豈不蠢斃了！」唉！法不責眾、濟俗為治嘛，何況過往台灣，徹底是個「事看誰辦，法看誰犯」的「無常國家」啊！因而隨時會逼出一大堆「短命英雄」或「秒殺名人」！而蓋一個核電廠可以超過33年，約略是2、3代，又不是中世紀蓋百花大教堂，也沒有上帝坐鎮，鬼也不相信它是安全的！

言歸正傳，請談第一部分的九大認知，這是基於台灣前途、世代倫理、全球責任的基本認知：

1. 台灣核能(電)政策乃舊時代為國安等背景下的產物，核四更是集最大風險與數十年無數變數的大成，本來就該直接由政府承擔任何後果，扭轉過往錯誤的政策而立即中止，不必也不該藉由充滿爭議性的公投等技術性問題，轉移並逃避責任。3、40年前政府下達核電決策時，並沒有知會人民同意，如今要廢不廢不須假借公投充當白手套，要來為30多年歷任決策者洗刷責任、逃避懲處！公投不該成為道士、法師做超度儀式！
2. 台灣經濟發展與電力供應議題是不為也，非不能也！只要政府下定決心，循序漸進地開發多元再生能源、序列變更舊式照明或用電設備、提高用電效能或效率等，並全力轉型產業，依所有目前已知資訊，台灣沒有理由飲鴆解渴，持續錯誤的核電政策。

3. 核四是數十年國際與本土的拼裝車，更是吸金耗財的無底洞；而高階核廢半衰期長達 2 萬年以上，迄今始終無能處理。考量核電及核廢的所有成本，必然債留子孫、遺禍永世；純依經濟效益、國家社會暨永世成本而論，核電早該終結，以達成非核家園的目標。又，人在高階核廢旁 2 分鐘即死亡，而在台華人迄今頂多 13 代（以 30 年為一代計），則高階核廢第一次半衰期即長逾 666 代！

4. 「沒有核安就沒有核能、核四」、「沒有核安就不會公投」等宣誓，相當於「立即廢核」，因為全球無人可以擔保核能（電）安全！試問那一座出災變的核電廠不是「確保安全」的產物？一個零件有一個故障率，n 個零件的組合有 n 個暨複合的故障率，加上人為操作、管理、天然意外風險等等，其風險風暴大得難以逆料；**風險概率不等於零者，代表它隨時可以發生！考慮核安，只有先行立即廢核，再予通盤善後，根本不必再作「重新檢測核四」**。

5. 核電廠或核廢一旦災變，第一時間的救災與疏散之後，災民長期的民生暨社會龐雜問題，才是更嚴重的連鎖加乘議題。台灣地狹人稠，根本欠缺足夠空間、資源處置全方位的問題，因此，立即中止核四之外，中部及東部等區域應籌謀、規劃，核一、二、三暨核廢等相關災變

白恐王朝也可以逆轉成自由廣場，不信公義喚不回啊！(2013.5.31；自由廣場的五六運動場域)

藝文界的覺醒與獻身。左為柯一正導演，右即吳乙峰導演(2013.5.31；自由廣場)。

2013 年 5 月 31 日「五六運動」筆者演講後合影，左起：柯一正、陳月霞、筆者、小野、吳乙峰(自由廣場)。

後，全盤長期處置的大議題。

6. 消除、降低風險本來就是政府最根本的責任暨功能之一，以目前的公投法處理核四議題，具有「以民制民」的技術性分攤責任暨投機之嫌，更欠缺世代公義的考量；任何制度、政策，一旦其製造問題的能力大於解決問題的能力之際，就該廢止、重議、新擬。
7. 目前台灣核電廠、核廢等相關輻射究竟有無外洩，當局及民間應予儘速釐清，並謀求完善的監測辦法與因應。
8. **人民有免於恐懼，免於被威脅、被恐嚇的自由，更該拒絕不負責任的政府執行表面合理、實質暴力的現行公投法。核四議題不該再對全民及世代進行身心凌虐。**
9. 政府、各行業界、全民早該加速創發無核國家新生計、生活、價值與態度，並早日規劃新規範。

第二部分我必須再度強調「世代公義」大議題(2013. 5. 19 講稿；略)。

第三部分，請談反核、廢核背景的結構性、正當性及理想性議題，或國家終極定位、總目標，以及政策制定的大原則問題，但我的角度只是依據民間 NGO、公民社運觀點，提出些微見解而已，以下，僅談綱要。

1. 20 世紀台灣，日治及國府統治約各半，其統治的最高國策，經營管理或資源的利用，從來不是為了島上生民、生界的長治久安、永續發展！日治時代的最高總目標：農業台灣、工業日本，將台灣當成帝國南進的基地；國府時代最高國策：以農林培育工商，視台灣為反攻跳板。兩者皆以耗竭開發台灣及島國外貿為策略，成就其境外的政治目的為大政方針。

國府時代種種經建開發的最大誤謬，在於以「無限成長」或「成長無限」為指南，核能、核電即此種思惟下的產物。

事實上地球上的發展或有機進程，大抵以 Sigma 曲線為模式。也就是一開始緩慢進展，再到急速的反曲點，然後轉慢，終至平緩或水平的極限。所謂國家總體總目標，以及各項大政的終極目標，大抵即依據各項資源最高乘載量的水平上線所製訂，或說理想的飽和點（線）；而所謂的政策，即擬定出維持永續發展所該具備的辦法或策略，因應內、外在因素產生的上下振盪，而可以控制振盪可容許的範圍之謂。

試問歷來執政團隊的大員們，誰人具備國家總目標及政策的基本概念、思惟、智能、辦法及作為？30 多年前無限成長的迷思，造就如今核四不必完工也不缺電，甚至還維持高比例的備用容量。

2. 反核、廢核成為熱點，誠乃日本福島的不幸所激發，蔚為台灣民智的大覺醒，且在今年形成核四攻防大會戰，開啟台灣環境議題大契機。而單一議題固可聚焦，大破與大立理應一併前行，也就是說，反核、廢核最好伴隨有堅實的背景，包括社會、國家全面前瞻的理想性與正當性，或說國家的世紀藍圖理應楬櫫，例如：

A. 延宕長年的綠能產業政策、具體辦法等，是否可以集結產經企業（特別是中小企業）界人士見解，研訂21世紀國家目標及各大政策？

B. 台電、中油、台糖、特權托拉斯等政經怪獸，或若干百年專賣壟斷等事業，是否早該終結，而全面走向自由市場？人民是否可以厭倦永遠當弱勢？

C. 現行選舉制度、規定、辦法永遠阻礙、破壞、腐蝕公權力，國家社會因而內耗過鉅，則有無從結構上改變的新契機？遠在2400年前的柏拉圖即已為現代人提問：

「……簡單日常事務都得委託專業或技巧的能手，例如買鞋你會找好的製鞋業；理髮你會找高明的理髮師；你生病找醫師的標準，絕非以醫師的口才作選擇，唯獨政治，大家竟然認為『只要懂得如何獲取選票，便能治理城市或國家』……要用什麼方法，才能將無用、詭詐、愚蠢、奸佞之徒從政治舞台上去除，同時又能選出最理想的人才，讓其來醫治國家的宿疾？……」

19世紀的梭羅也質疑：「我們所知的民主政治，是否即是政府的最後一種形式？……」

請問我們該不該修改現行「公職人員選舉罷免法」例如第32條的「應繳納保證金」條文，改以「取得公民連署」？

小隸老師有次傳來簡訊，大意是跟官僚打交道，惹得他滿肚子火，很想出來競選了。試問小隸老師要參選六都市長的話，繳得起保證金 200 萬元嗎？

從修憲或制憲、總統制或內閣制、黑金漂白與結構或體制腐敗、國會、司法……林林總總的政治陳痾，有無釜底抽薪的整治良策？

D. 國土利用、環境病變、生態浩劫、龐雜人為污染等等問題，數十年來每下愈況，從來未能真正解決。試問，我們是否可以聯合任何黨派、各行業界，分階段擬訂世紀方案，不管任何黨派執政，無論誰當總統，皆可永世奉行的環境政策？

E. 性別平權或其落實於生活中的議題，亦屬 21 世紀大改造的項目。台灣雖然在法律面向已具先進架勢，但在文化、生活層次仍然存有大落差，宜由教育等制度面，導引俗民生活的變革與落實。

F. 數百年來台灣顯性（外來統治主流）文化與隱性（庶民）文化存有大鴻溝，此面向從未被深入論議，遑論進行融合。此乃涉及主體意識的大議題，一般人習以為常而欠缺理解。

G. 台灣的公部門存在龐多的大衝突、大矛盾，有單位拚命引進外來種，有單位花大錢僱工清除外來種；有單位年花兆億經費在做水土保持、國土保安，有單位抵死不斷開發、鼓吹農業上山；有單位加速批准高污染工業、環保單位配合放水，民間疲於奔命、螳臂擋車……我未曾看見這個國家的任何政治人物，願意真正解決「標準化」議題；國家機器儘由相互牴觸的功能、角色大內耗！絕大部分法律都是特別法，沒有那個比較大，解決的辦法卻讓人治超越一切！誰來解決這個內部問題?!

H. 21 世紀，有可能國家的定義、制度、運作模式會改變，公民社會、民間團體該不該早日籌謀跨國的世界窗口，有別於那個早該淘汰掉的強權做壞事的白手套的聯合國？台灣人如何利用「不被承認的國家」角色，開創新的世界聯合政府之類的組織，利用反核、廢核的運動，走向國際舞台？

過往數十年或半個世紀，佔據論議、報導龐大比例篇幅的環境或環保議題，殆為人類史上最無效率、效能或效用的項目之一，根本的原因在於污染跨（無）國界，國際間卻始終欠缺有效而直接的制裁之所致。而廢核等議題正是台灣 NGO、民間團體接軌世界的重大媒介之一。

五六運動，多屬藝術、藝文活動者所參與或發起，而所謂藝術創作，依個人定義，殆為特定敏感的人們，其心靈與世界的對話，藉由種種不斷更新的手法、媒介或工具，詮釋且反映人心與世界的，特定的分享、反思、示警、控訴、感染或傳播，藝術乃文明史上最溫柔的革命與享受。

好的藝術足以反映時代的夢魘、集體的心聲，而且，超越時空、無分人種。以西方繪畫而論，演化論、資本主義掠奪全球、兩次世界大戰等，擊垮了傳統美學，因而其表現由寫實工筆，躍進了印象畫派的顫慄世界，再蛻變為畢卡索的空間切割、畸變（立體派），忠實地反映生態系的被切割化 (fragmentation)，呈現高度毀滅與人性再創造的世界事實。

而音樂更是感官藝術的直接爆炸界面。台灣歌仔戲、月琴，乃至蔡振南、阿吉仔，血淋淋、赤裸裸、哀哀怨怨地象徵著千年前河南軍隊屠殺福建原住民男子，掠奪原住民女子為妻、為妾、為奴婢，繁衍成今之閩南人、台灣人的胎記，以及後繼台灣史有「唐山公」沒「唐山嬤」的二度殘酷悲劇史，從而形成台灣的「哭調仔文化」或「藍調文化」！

如今核能、核廢、天災地變、土石橫流等等，早就可以是台灣藝術的主流或根源。五六運動拉開普羅藝術的一道天窗，我們在台中的廢核聯盟，也由柯劭臻律師組成了影像音樂劇。我們要以歌聲傳達我們的心音；我們要用合唱感染那些鐵石心腸；我們要用肢體語言，述說靈魂的驚悚顫慄；我們更要用赤誠裸真的愛，捍衛子孫的未來！

1991 年 55 反核遊行回來後，在東海大學我的課堂上，我讓參加遊行的學生表述感受。其中一位帶頭者說：「我看到遊行隊伍中，多是穿拖鞋、嚼檳榔、抽香菸的人，他們口吐檳榔汁、亂丟菸蒂，連自己的身體環保都做不好的人，有什麼資格反核？」同學們頻頻點頭附和。我在黑板上畫個天秤說：「各位同學，反核者多來自核四當地鄉下人，他們出身貧苦，他們的行為、慣習當然與生活有關，相對的，反核是否為了對超級恐怖的污染跟災變表達關切？反核是否對民主制度、公共政策勇於表達理念的公民權？反核是否為了廣大地球生界、跨越世代安危、尊重生命不可忍受的萬一？反核是否對世代，表達保留其選擇權的大我公義的情操？反核是不是大我人格的表現？整個社會當中，有多少人勇於挺身而出？

同學們，你們唸到大學，知書達禮，在乎個人言行，懂得反省，很好！如果那些站出來反核的「鄉下人」也懂得調整個人生活習慣更好，然而，當這些「鄉下人」秉持一份鄉土危機意識，流露純真感情，跟你一樣，並非存私為己，勇於為大公義奮戰時，你卻把這麼龐大、厚重的情操擺在天秤的一端，另一端擺上丟紙屑、吐檳榔汁，而且，個人生活細節的印象，卻遠重於反核的集體大良知？試問這樣的權衡是否恰當？我如果是你，我會拿起垃圾袋，他丟我撿。當他們看到你的行為，他們會臉紅，會說對不起，更會加入撿拾垃圾，沒多久，你會看到整個隊伍的自制與自律啊！」舉座學生啞然。

接著我論述何謂客觀與中立？何謂科學、科學典範、科學家、科學計畫……，說明有邪惡的科學、男人的科學、暴力的科學、秘密的科學、毀滅性的科學……，科學不是中立的，科學不再是 1940 年代原子彈爆炸以前，所謂「蒙頓標準」那樣的天真。相反的，太多的科學只是無知的知識、片斷的零碎的知、沒有方向的知、無所節制的知、無法託付的知、致命的知、反生命的知、助長病態的知……！而核能、核電殆為「集大成」！

善、惡與智能之間很弔詭，有人是因為夠笨，所以在某些時候看起來像善人；有些則是夠聰明才變成大惡棍，而有些人却因夠聰明也變成大善人，但更多的情況是，夠愚蠢而變成大惡、大邪魔！究竟而論，善惡是無關智能，但我可確定，鼓吹核電是既笨且惡！

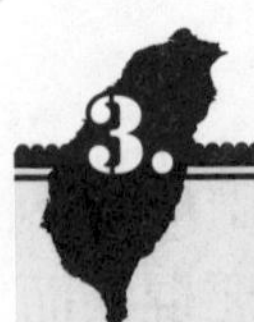

「我們已經走了一輩子了！」

2013 年 5 月 19 日早上 11 時餘，我驅車去高鐵站，抵台北轉捷運，直奔「國父紀念館」前，參與環保聯盟主辦的「2013 終結核電大遊行」。然後，約下午 3 時出發，走到總統府前，在拒馬、列隊警察佈陣前的廣場上，進行「終結核電晚會」。我也上台講了 10 餘分鐘。回到台中家裏約晚上九點半，這天我花了 1,700 元。

正如預料，人數不多，約僅 3 千人，認識的老面孔也少。遊行隊伍帶頭主旗中，我的左側是施信民教授，右邊是張國龍教授，他們的年齡都已超過 70 歲，我也達耳順。我跟他們說：「我們都已經走了一輩子了！」而台灣正式反核運動大約超過 28 年，反核老將之一的粘錫麟老師，現今躺在加護病床上。

我講完下台後，三、四個歐吉桑、歐巴桑拿書要我簽名；三位「聖脈」的朋友過來問我認不認得她們；老朋友李仁懿女士跟我說些社運團體似乎不大能團結的感嘆；葉秋源先生堅持送我到高鐵站，途中他說：「今天台北有

2013 年 5 月 19 日台北環盟再度發起街頭訴求，由孫文紀念館起走。

2013.5.19 反核遊行隊伍宗教界之一的訴求：反核救台灣；台灣要制憲；ＫＭＴ下台（台北街頭）。佛法無相現妙相；門通十方無去來。

一百多個活動，多是政府灑錢在辦的，誰來遊行？」到車站，他拿出5百塊錢要補貼我的車資，他知道我已經「失業」5、6年，但我怎忍心?!他一個月才領6千多塊錢的勞退！

想起網路、電子郵件或各團體朋友的對話或吐槽。有人堅持拒絕「政黨」或政治人物的「染指」；有人抱怨某團體「自作主張」，因而「他們辦的活動，我們不參加」；有人主張別再走街頭，浪費資源又內耗，應該進行電子戰；有人忌諱被「領導」、被「收割」；有人擔心自3月9日的高人氣，到今天的「零零落落」，乃至以後必然「再而衰、次而竭」，會讓擁核者及執政者「看衰」……而今天的遊行隊伍中(或任何遊行)，許多人愛搶鏡頭，有「市議員」指揮他的助理群及他自己，擠進我們的橫布條，要自己的人大拍特拍，我趕緊讓位讓他們拍個過癮……

這些都有其道理，只是人性或浮世繪，並非「是非對錯」的問題，似乎也不必在乎。

就在這一天，龐多台灣人親子闔家歡渡週日；許多人還在為生計打拚；小偷沒閒著；鶯鶯燕燕生意也興隆；政商依然酒池肉林；電視傳媒百多頻道，同樣的吃喝玩樂腥羶下流；藝人的雞毛蒜皮是「國家大事」；「菲」國大誤、辱罵那個「低能兒」的社會成本，代價仍然高昂；核一、核二、核三、核廢還好，今天似乎沒出差錯、沒死人；低頭族不斷按鍵，「我要去睡覺了」「讚！」，「我剛大大回來了」「讚！」，「我餓了」「讚！」……

陽光底下沒有新鮮事？台北街頭的反核隊伍不過是龐多嘉年華會的小小攤，無人在意，「那是你家的事」而已?!

我沒有資格也無意勸別人什麼，我相信反核、廢核最好可以「超越黨派、無分意識、跨越世代、建構世紀藍圖」，這也只是我個人態度，無關他人。那個團體、單位辦反或廢核，只要時間許可我都可參加，共產黨、國民黨辦廢核我更願意奉陪或打頭陣！

我全身汗水濕透，有點疲累，但我沒荒謬感，也沒無力嘆。

我上台時因燈光強烈，看不大清楚台下人。第一句話我說：「燈光很亮，我看不見大家，難怪坐在總統府內的人『目中無人』……」面對反核數十年的朋友或今天現場的參與者，我能講什麼？或許可以鼓舞士氣或先談 know why，以後有機緣再論 know how，以及如何擴大成世紀變革論。

以下檢附我的講稿，朋友們，如果您願意花力氣瀏覽，則是我的福氣，感恩！

講稿

(2013.5.19)

感恩台灣這片天地、眾神！

現場先進、鄉親朋友，大家平安！大家辛苦！

1980 年我在鹽寮、澳底調查核四預定地的植被，後來，我曾經是環保署的某種委員，可以進入核四廠勘驗，但是所有原先的生態系早已完全消失！

我永遠記得 1991 年 5 月 5 日，台北反核遊行的隊伍中，一位鹽寮來的，拄著拐杖的歐吉桑，他握著我的手，老淚縱橫地說：「少年吔！台灣愛靠你啊！」如今，我已白髮蒼蒼。就在那次遊行之前，我們在台中原本租了遊覽車要北上，不料前一天我們才知道遊覽車拒絕我們的僱請，許多學生家長也接到某方人士的勸阻，我們也聽說那次遊行可能會被強力水柱驅離。

我們一向都全家一齊上街頭。因為風聲說會噴水，我就跟國小 8 歲的女兒說：「嬰仔啊，明天你不要去，怕有危險」，她問：「為什麼？」

「因為怕有人會噴很強、很強的水柱。」

女兒反應很快：「就叫警察啊！」

碗糕咧，「就是警察在噴水啊！」

女兒想了一下說：「那就叫政府叫警察不要噴啊！」

我咧！「就是政府叫警察噴的呀！」

女兒皺著眉頭苦思，突然蹦出了：「那，那這樣的政府我們不要它！」

今年，我女兒 30 歲！也就是時下的年輕人之一。今年 3 月 9 日的反核行動，我看見數十年來街頭運動中最高比例的年輕人，有的年輕到還在媽媽的肚子裏都走出來了！當愈來愈多的年輕人走上街頭的時候代表什麼？代表這個政權已經走入歷史了！再見了！

年輕的朋友們，沒有一片春芽會記得那片落葉的滄桑，每片落葉化作春泥更護花，每片春芽也會變成落葉，此間，一代一代地傳承著人性的芬芳與希望！

年輕的朋友們，你們可能是台灣史上最幸福的一代，卻也有可能是最最悲慘的一代，為什麼？我長期都在做口述歷史的調查，上個月，我訪問高雄的一位 87 歲的歐巴桑蔡玉珠女士，她告訴我一個故事。

她說：「阮阿嬤要過身前跟我講，玉珠啊！妳要注意喔，咱台灣將來會有大劫難喔，後日啊，台灣會「有路沒人走；有茨沒人住！」3 月 9 日我看大家走出來的時候，忽然我知影啊，阿嬤在講的就是這件事啊！我再怎麼老邁，也要走出來啊！

去年 3 月 11 日，我們在台中反核。有一家人舉著一張大照片，是 21 年前他們在台北反核時拍的照片，上面寫著「21 年前我們反核；我們現在一樣反核」，當他們碰見我的時候大叫：「陳老師！這張照片是你拍的！」

去年底，我 60 歲生日，當天我有個感慨：年輕時我有個小小的錯誤，誤以為自己永遠不會老；等到有了年歲，也有個小小的錯誤，就是這顆心還很年輕。

我要告訴大家，我們這一代，過去戰鬥、現在戰鬥、未來戰鬥、死後戰鬥！

我要請求政治人物們，不要再算計、不要再玩弄核四了！立即廢核吧！目前正是最好時機，用來開創台灣民主制度的新範例，廢核已經是全民、各政黨的最大公約數，該結束無謂的內耗與浪費了！理應全面籌謀產經結構大改變的大時機了！人民的眼睛是雪亮的，奉勸政治人物們想一想，究竟是你那個位置撐起你，還是你該撐起那個位置的責任啊！

立即廢核、重整家園、開創產經新結構、締造社會新規範、新價值觀，乃是這代人留給子孫最珍貴的文化遺產與時代風範。

廢核，代表台灣社會真正的轉型；廢核，正是開創台灣尚未存在的善良與道德；它，處理的是世代公義的問題；它，是良心、良知、遠見、智慧、慈悲與大愛的總體現；它，超越了所有的技術性問題；它，奠基於人心的本質；它，面對的是人性的總考驗；它，也是這代台灣人對全球生界的大承擔。

數十年來，核能、核四的論議汗牛充棟，我們今天之所以還能在這裏呼籲與抗爭，最最實在的原因是，幸運之神迄今一直眷顧著我們、呵護著我們！廢核是生命不可忍受萬一的問題！

核，就是道德；廢核，就是智慧；「我們是台灣人的好子孫嗎？我們是台灣人的好祖先嗎？」反核、廢核就是要回答這個歷史命題！

各位朋友們，我們正在改寫台灣人的特徵與定義，我們的公民行動也將決定台灣會變成何等的國家！現場朋友們，你們、大家就是台灣的天使、守護者，請給自己一個肯定、一個鼓勵！

當核四做出最後決定時，也就定義了這代台灣人的水平，更決定了世代的未來！大家還記得大園空難嗎？空難後飛機維修單位的人發言說：「我們沒有預料到這場空難會發生！」這是什麼話？而台灣的官僚常說，某某工程百分之百安全、百分之兩百、五百安全、絕對安全，這是什麼？這是詛咒給別人死！詛咒給子孫死！詛咒給台灣拖屎連！

安全，不會由政客的口中產生；安全，只會來自我們的自愛、愛人、愛子孫的決心與行動！美國總統歐巴馬對以色列年輕人的演講說，我是一個政治人物，我要坦誠地告訴你們，政治人物沒有強大的壓力是不會改變的！夠坦白吧！為什麼？因為政治人物往往是既得利益者，他幹嘛要改變？朋友們，雪球是怎麼長大的？讓我們不斷地滾動，喚醒台灣的大救贖啊！

追求台灣永世安全的環境，是你我無可讓渡的責任、義務與權利！我永遠追隨各位的腳步，向前走！

♪反核更大背景的內涵……know why, know how.

♪猴子與價值觀的起源……

♪精衛、薛西佛斯、《華嚴經》以本願力、盡未來際，恆無倦怠。正因為前面這條路充滿大小石頭，顛沛困頓，也才能彰顯生命存在的意義！

反核，就是一種信仰！反核，就是人性正面的力量！大家加油！

♪~「……搬請來，走出茨外，一路到車頭，者濟人攏總相仝，財產沒半項；五十一冬，好真像眠夢，為著台灣不願放；肩頭頂行李者重，有錢請沒工；人遮濟，相挨相　，載轉來去落地……」

2012.9.7，好美里老鹽工顏秀琴女士哼唱~

「……鬼神也好、外來政權也罷，脫離它的管轄下總是看得較清楚，一路走來又到了轉站的時空了。這麼多人通通一樣啊，好像沒什麼值得留傳下來的好財產嗎？五十一年了，大日本帝國就像一場眠夢，或說鏡花水月、空思夢想而已，但是，為了台灣這副責任，就是不願放棄啊！肩膀上扛負的責任是如此沉重，無論用什麼代價你也找不到別人替你扛下。雖然台灣人這麼多，大家却是互相計較、相互比評，相互推卸責任！我呢？還是回家鄉好好地耕耘去吧！……」

朋友們！這是台灣剛「光復」後，很流行的一首歌，五段當中的一截，老鹽工顏秀琴女士唱給我聽的，我將它語譯為白話文（如上）。日本人走後，又經過了 68 年，難道我們還在原地踏步嗎？

不要再說什麼「人微言輕」了，不要再小看自己了，我們可以影響很多人，一人影響十人、百人、千人、萬人……

小草雖小，擁有走過的每一寸土地與天空！感恩！

北美洲台灣人教授協會隊伍（2013.5.19；台北市）。

「廢核罷馬」大隊（2013.5.19；台北市）。

「台灣社會福利聯盟」大隊(2013.5.19；台北市)。

「反核反貪腐大隊」(2013.5.19；台北市)。

「台灣客社」反核大隊（2013.5.19；台北市）。

坐輪椅誓死反核的陳謨星先生（2013.5.19；台北市）。

筆者告訴張國龍教授（左）、施信民教授（右）：我們已經走一輩子了！(2013.5.19；台北市）

1985 年以降，台灣反核滄桑史 (2013.5.19；總統府前）。

2013 年 519 終結核電大遊行晚會會場(2013.5.19；總統府前)。

蔣瑛珠與黃潮州伉儷舉著 1991 年 5 月 5 日台北反核遊行時，筆者幫他們拍攝的照片，參加 2012 年 3 月 11 日台中的反核遊行。照片上下書寫著：21 年前的我們；21 年後我們一家依然在反核。

提出預警台灣核災後將「有路沒人走，有茨沒人住」的蔡玉珠女士及其畫作(2013.10.8；高雄市)。

4. 百萬人廢核四環島接力行腳計畫草案

曹偉豪

目的：

一、承續數十年反核運動奮戰不懈之偉大精神與傳統，朝向地方深耕化與社區生根化之新階段新目標。

二、開拓、激發北部以外各地（對核四爭議較為冷漠、不關注甚而無知）之廢核公民力量，擴大並堅實化支持非核家園之群眾基礎與社會基礎。

三、若核四公投在立法院表決通過，百萬人廢核四環島接力行腳即是走出千萬人投票之戰略性大行動：

顯然，中央政府打算降溫、冷處理，使核四公投數未達法定門檻９１７萬，就依「法」續建核四，為戰勝核四公投，公民社會須大團結，通力合作，號召動員百萬人參與廢核四環島接力行腳，以感動人心，以將核四公投之『火』遍燎全台各角落，以『走』出千萬人投票！

四、促引各縣市廢核公民團體串連、整合、凝聚及團結合作：

藉由百萬人廢核四環島接力行腳，才足以促引各縣市廢核公民團體相互串連、整合、凝聚及團結合作，以臻公民社會首次最高效之總動員。

五、激勵並增強各縣市廢核公民團體之資源／人脈動員力：

因百萬人廢核四環島接力行腳，係明確、集中，以號召全台每一角落全民參與為目標，且能普獲道德性認同之戰略大行動，是以，必激勵、開發及增強各縣市廢核公民團體之資源動員力與人脈動員力。

六、創造良好條件，激勵藝文界（藝人、電影導演、獨立樂團、影像工作者、作家、流行音樂作詞作曲者、歌手、劇團……）總動員，產生最大之廢核四藝文戰力。

七、若核四公投在立法院懸而未決，百萬人廢核四環島接力行腳則走出全台各地廢核四之空前新動能，於行腳結束後，進而發動罷免擁核立委，並於各地對２０１４年擁核之縣市長參選人與縣市議員參選人展開「落選」運動，以及，包圍總統府……

刻意選擇於十月十日，從核四廠起走：

當馬英九總統於十月十日大肆慶祝“國慶”時，百萬人廢核四環島接力行腳卻從貢寮核四廠起走，以向全台灣人民與全世界宣告：非核家園，才「敢」國慶，核四續建，只等國難！

暫定之行腳起訖時程與基本路線：

（一）十月十日，由核四廠起走，向南，順時針環島，先東部後西部，預計十二月二十五日，行憲紀念日，走至總統府。

（二）基本路線：核四廠→宜蘭→花蓮→台東→達仁→蘭嶼→台東→屏東→核三廠→高雄→台南→嘉義縣市→雲林→彰化→南投→台中→苗栗→新竹縣市→桃園→新北→台北

與林義雄「核四公投千里苦行」之異：

（一）林義雄「核四公投千里苦行」係靜默苦行，百萬人廢核四環島接力行腳，則在起走之前與行腳全程，須盡力宣傳、造勢，及召募動員各地民眾參與接力行腳。

（二）百萬人廢核四環島接力行腳，盡可能走過全島每一鄉、鎮、市、區，以行經居民人口數最多化為原則。

（三）不分黨派顏色，主動積極爭取各縣市各鄉（鎮、市）黨職與各級公職之支持。

（四）每晚舉辦多場“行腳之夜”，以宣傳、教育當地居民。

▌每日須至少維持五位名人參與接力行腳：

邀請名人參與接力行腳之目的，其一，吸引每家媒體每日不輟報導行腳新聞，其二，增強對召募民眾參與接力行腳之動員力，其三，豐富每日網路／智慧型手機宣傳之素材與賣點，其四，營造全社會支持百萬人廢核四環島接力行腳之浩大聲勢與話題效應。

5. 善惡拉鋸、黑白對決—值得期待的2013-2016年

陳玉峯

維持社會或治安的第一線，台灣警察約有7萬人(2013年數據)，2013年5月台灣人口23,340,136人，平均約334人當中有一名警察。全球各國人民數與警察數的比例不一，從香港的200:1(2010年)，到日本的1,184：1(2009年)，所在皆有。

除了道德最下限司法的警察人員之外，道德、教化、社會氛圍營造的治安或秩序基礎，例如台灣的宗教寺廟宮壇教會等，超過2萬家；更有趣的數據，登記有案的「台灣公益組織」高達7萬多個，恰約一個警察就有一個公益團體！假設這些公益團體都不是洗錢白手套，也非政府或財團、黑道豢養或培植者，而是純公益、純善人，加上無法統計的，龐多默默行善而不欲人知的素民、素行，再加上寺廟宮壇鉅大影響人心的力量，姑且假設每一單位或信仰圈影響信徒100人計，則我粗估，每10個台灣人當中，約有2～4人是做好自己份內責任之外，還不斷在傳播、影響社會正面力量的人！

也就是說，我相信台灣至少有 2 至 4 成的人，不斷地以多元途徑、方式，散發著正面力量、文化力量，張撐起整個社會的和諧、善良、美好、公義、秩序與道德等等，再加上不行善、不行惡的中性人，或「正常人」，可以說，台灣絕大多數的人都是「好人」，或至少是不會危害別人、社會的「善類」。

相對的，如果訪調台灣人民對社會善惡、治安或社會秩序、價值、道德的觀感，推測台灣社會至少是差強人意或及格邊緣，但很可能不同年齡層將有大落差，年紀愈大的層級，感嘆「世風日下、羣魔亂舞」的比例必將大增，但絕大部分的人通常忽略了，或不理解**支撐起現今台灣社會的穩定，基本上在於「小善力挽大惡」！**

台灣的善惡議題煞是「有趣」與悲哀，簡單地說，是善良的草根、基層在維護整體的善根，也在縱容強權、豪強的使惡；若非廣大的素民之善，台灣社會早已分崩離析。大惡有兩大類，即文化底層結構問題，以及體制大結構問題。許多台灣的個人或小善，其實恆常培養強權的大惡，如同沙文的兒子，通常是受盡欺凌的母親所培育！

6、7 年來我投入台灣宗教的摸索與學習，收集任何民間「善書」，舉凡各類佛經（真經、偽經）、各類神明「真經」（例如大道真經、開天炎帝真經、福德真經等等）、《玉歷勸世寶鈔》、《了凡四訓》、《太上感應篇》、種種神明的「陰騭文」……，絕大部分善書闡述的，都是個人化修身養性、自律向善的警世之作，論理依據大抵是透過報應說或功過格的懲惡揚善、三世兩重因果的宣說。其等所謂要扣分的罪過，細緻到起心動歹念，即令無付諸行為都有罪過，甚至連看月亮、瞧太陽、吐口痰都記上一筆；所謂的善，則大抵是惡的反面。如是的教化，大約是延續自宋代以降，閩南、台灣人根深蒂固的傳統，迄今仍然是普羅主流。

這套傳統的「美德」教化，直接或間接，徹底地尊崇專制、皇權，是百分百教導順民、奴隸的催眠「法術」，其乃透過神權輔佐專制霸權的超級「心法」。它們避開了結構大惡，合理化獨裁的正當性，而字面上一無痕跡。它們尊君而規避皇權大惡，埋下權力即正義的潛意識價值觀，形塑出即令民主形式的今日，申冤者還是會向大官跪求的刻板行徑，此間，加上歌仔戲、古裝劇、歷史皇宮鬥爭大戲等等催化，讓俗民暗自歡喜於今日的半自由與形式民主，骨子裏、內在或意識，依然服膺於奴隸體系而不敢造次或「大逆不道」！

如此風俗民情洗腦下，常民習於逆來順受，並以權霸者拋出的肉碎、骨頭爭食為樂，更期待官僚的摸頭而沾光。俗民養成整個國家最大的、結構性的不公不義，只求小我、個人之間的揚善貶惡，而通常只在被逼向生死交關之間，才有部分人「鋌而走險」抗爭，但「抗爭」也常只在小是小非、小利小義之間流連、徘迴，而無能向大公義、大因果、大是非作挑戰或反思，他們的名言之一：「我們不談政治」，從而形成不義政權的共犯結構，並以半截義理、私德、私道為滿足；在宗教信仰的特徵上，則淪為最最流行的「他力主義」，向外、向權勢乞求庇蔭、保護或利益均沾。此殆即台灣迄今難以突破的文化性結構大問題。

這整套皇權思想從來透過神權在營運，是東方穿著神聖外衣的邪靈，且幾乎已趨化境，佔盡「道德」、「善良」的大部分內涵，而只在大義理之前才會顯露破綻，是謂「德之賊也！」；相對的，得以覷破此間荒謬者，如自覺、自力聖道的智者並不多見，真正的禪悟人畢竟只是如是社會的「邊緣人」。

而體制結構之惡最善於玩弄這套俗民文化。體制結構的惡質特徵之一，正是權力中心的政客，其內在思惟模式異於常人，他們幾乎沒有善惡、是非、道德、公義觀，只有輸贏勝敗的鬪爭觀念，卻可以是滿口仁義道德法律，因為，那些東西是人民之所需而「我」不需要！過往專制時代，皇帝可以殺人身、誅連九族；現代民主暴政則殺人心，讓全民陷於失敗主義而無能自拔。

台灣體制結構的特徵大惡之一，也就是八字箴言：「事看誰辦，法看誰犯」，讓奉公守法的人民失望、絕望；「罪大惡極」的陳水扁前總統遭遇如何？多少台灣賢士前輩在軍法、司法迫害下，下場如何？國家機器是如何被使用來殘害「非我族類」，迫害良民的人又如何被歌功頌德，備極無恥卻久享榮華富貴與尊榮?!罄竹難書、令人髮指的過往罪孽不說，只以新近全民殆皆清楚的渺小案例即可說明：

台大醫師柯文哲只不過在電視上持平說明陳水扁的病狀多次，他就遭受環保署、醫策會、監察院、調查局諸多單位的不同「案件」調查、騷擾 8、9 次，還被冠上「貪污」的嫌疑！2013 年了，白色恐怖的抓耙仔、走狗，幹著專制時代的伎倆，只針對「不聽話、不乖的人士」進行干擾、恐嚇、威脅、栽贓，只因為「長官交辦」！

柯一正導演看不慣 33 年核四貪贓枉法、欺凌世代，忍不住跳出來高喊「我是人我反核」、五六運動，他就莫名其妙被查稅，還被控違反《公共危險罪》！

支援大埔四戶的學生、團體在 2013 年 7 月 7 日晚上進駐地方後，「有不明人士在對街監控……疑似騷擾」，讓他們「心生恐懼」！

我的學生蔡智豪老師去年參加立委選舉，今年 5 月突然接到監察院舉發，他在選舉時接受了營運出問題的廠商贊助政治獻金二千塊錢，「依法」得罰款百倍云云！

整個國家機器法令，專門被用來整死稍具公義之心、膽敢挺身而出的人，卻放任牛鬼蛇神為非作歹而消遙法外！馬先生第一任總統是天使模樣，第二任則赤裸裸的是魔鬼嘴臉，接下來難不成是撒旦 ?! 而他的親信貪污，司法卻可以還他們「公道」?!

古代商鞅變法，首要之舉只是下道命令，任何人將一塊木頭從這裡搬到那裏，可得賞金多少。一開始沒人相信，因為「政府」從來講假話、鬼話，因而商鞅要興革，先做的是立信！不要臉的現今政府宣稱，台灣公務員貪污比率只有 3%！人民相信 ?! 通緝犯「衣錦還鄉」回台，上電視到處作秀，傳媒「趨之若鶩」，聆聽「萬年也不會改變的真理 !!」這是什麼強盜、惡棍「政府」?! 世間還有甚麼道理 ?!

然後呢？現今政府官僚、要員上下一副「老子就是這麼幹，你奈我何！」兩蔣時代再怎麼暴政，官僚至少還知是非對錯，民間反應還是多少會有稍具良知的官僚勇於虛心聆聽，現今呢？誠如中國廣西查扣到 46 年前的「殭屍雞爪」，香港東方日報形容的：「舌尖上的中國毒毒不休，只有想不到，沒有做不到！」台灣無遑多讓，有過之而無不及？

21 世紀初的台灣，徹底是個失竊語言、文字的國度！惡質的國家體制將語言、文字、人心，蹧踏到罕有人相信文字與語言！孰令致之啊 !! 偏偏權貴們始終「自我感覺良好」，他們駕御著金錢怪獸，更以神權治國，操控著神棍，傳播著千餘年的蔭屍文化愚民，從而「高票當選」各種頭銜；他們造成國家社會潰爛的模式，雷同於中國各朝各代亡國前夕的態勢，只不過現今多了一道「民主形式」的障眼法、遮羞布。

而對抗體制之惡、神權文化邪魔的正義力量，在於自力聖道的覺醒與實踐，以及年輕世代的見義勇為方興未艾。2013 年中揭開的各類運動與抗爭，預告了台灣新世紀興革的序幕，這一波波的反思與反制，若能在大因大果、大是大非的深沉內涵掘進，台灣必能蛻變與新生。2013~2016 年正是善惡拉鋸、黑白對決最值得期待的神聖年代。

6. 台灣環境困境系列之一——結構性議題舉例

2013 年 4 月 17 日環境天使、俠義人士到環保署抗議，指控高雄南星基地長年來將有毒廢棄物填海造陸，造成鄰近地區如鳳鳴國小的地下水汙染，可導致烏腳病的砷，濃度已竄升為 4、50 倍或以上，從而抨擊有害廢棄物填海是「錯誤決策」。

環保署官員撇清中鋼爐石等，含有砷的機率不高，汙染不見得來自南星計畫，南星計畫實施 20 多年，有效解決南部地區營建廢棄物無處可去的困境，並非錯誤政策云云。

南星議題在台灣長期以降，不可勝數的環境汙染、生態困境系列中，只是微不足道的案例之一。爭議兩造或三端(加上業者)的反應大多如出一轍，「標準模式」！

環保官員或業者的典型反射動作，大致「遵循」古老的笑話「地球儀為什麼傾斜？」的模式：第一反應，「不是我弄的！」第二反應，「買(本)來就這樣」；第三步反應，「誰把督學(環保人士)帶來的？本來都沒事啊！」(沒有錯誤政策，皇后的貞操不容被懷疑！）如此戲碼演了數十年，外觀看來，似乎環保公權專為汙染的資本家守護，環保人士淪為雞蛋裏挑骨頭的麻煩製造者，而汙染業者變成天經地義賺黑心錢，遲緩性的殺人兇手似的。

事實上，好、壞、善、惡，並非可如此輕易區分。善心公義人士的確多為打抱不平者，但其知識、認知程度，智慧及洞濁因果、結構的能力畢竟天差地別，何況還有許多環保蒼蠅、蚊子、蟑螂或大惡之人藏匿其中；環保官僚本來是受國人託付，公權把關環境健康，卻因政商歪力介入，加上被抗爭反彈等，多求多一事不如少一事，甚至於淪為政商馬前卒，根本問題不少，例如數據取樣的逢機盲點，以及科學無能處或科技主義的迷思（凡此面向，寫幾本書也談不完）；至於汙染業者方面，無論如何惡貫滿盈，基本人性大抵俱在，然而，套用任何古今內外道德、宗教的理論、說法、報應等等，都無法合理詮釋為什麼永遠會有一大票「喪盡天良」的惡魔為害人間。

然而，三端或絕大多數的我們，歷來都漠視環境困境的數大結構性的因果關係。

1980、1990 年代筆者曾經調查大林埔地區，或後來所謂的南星計畫，該年代正是台灣營建等各產經企業如火如荼發展的時代，也是台灣環境江河日下的決堤時期。當時，筆者最大的憂慮在於如是發展的代價，終將打造台灣成為垃圾、毒物的掩埋場，因為質、能不滅，環境問題是人造汙染物的破壞與毒殺生界的總和結局，不可能憑空消失；任何開發，得失一定會發生，剛開始發展的國家尚有多餘的空間可以貯存毒物或廢棄物，但像台灣早已過於飽和的發展，問題必然變得愈來愈敏感或尖銳，環境問題更被壓縮到約只剩下「分配問題」，也就是誰人獲利、誰人無端受害，乃至少數人獲益，而全民受害、世代受害。

結構性因果關係之一即 19、20 世紀以降，無限成長、極端發展、物慾至上、經濟掛帥、GDP 或 GNP 無止盡的追求等，誠乃工業革命以來，推展極致的價值觀，薾捲天下的世界主義，也是中研院李遠哲前院長，在今年某大學畢業典禮演講的「我們這代人做錯了」的大反思議題。

悲哀的是，舉國上下，乃至世界各國，這樣的反思遠比滄海一粟更加微薄，遑論掌權或既得利益的決策者。尤有甚者，數十年來全球唯一不以 GNP 測量國家成就，而以「國民幸福指數 (GNH) 」為指標，所謂全球最幸福國家的不丹也已淪陷，2011 年他們的 GNH 顯示，只剩 41% 的人民稱得上快樂，過半的人已經向資本主義投降，走向物質掛帥的慾望解放！

這是全人類有史以來，人性最大的解放與墮落，迄今為止，幾乎看不見有任何希望的最大困境；2012 年 6 月第三屆聯合國永續發展大會 (UNCSD) 領袖高峰會，繼其 20 年前（第一屆）推出劃時代的「 21 世紀議程 (Agenda 21)，並發表「里約宣言」，讓當時世人為挽救全球生態浩劫寄于厚望。然而，20 年後，世人失望了，大家了知數十年強國的白手套的聯合國，多是說的比唱的好聽，因而第三屆發表的「我們想要的未來(The Future We Want)」，儘管文情並茂、洋洋灑灑，卻被評為「慘痛的失敗」，不能解決全球環境困境與10億人口的貧窮問題。

事實上，根本的關鍵在於，利益強權大國耗損地球最大資源，生產最大汙染，卻不會受到制裁或懲罰，而各種人道性奧援，也是機關算盡，甚至或總有辦法撈回更多。試看現今二氧化碳排放最嚴重的中國(年排碳100億公噸，且持續增加中)、美國(59億公噸，正實施減少碳排中)，這兩個國家占全球排放量382億公噸(2011年)的41.6%以上，他們完全不理會「京都議定書」的約束。至於台灣，若以人均CO2排放量計，是全球平均值的2倍，打趣地比喻，台灣人的呼吸量是全人類平均值的2倍；若以單位面積空污排放量計算，台灣自從1985年以降，高居世界第一名，是日本的2倍，台灣人在迫害生靈、傷害世代的能力無遑多讓！但因政治上屬於「不被普遍承認的國家」，或被計算進最大污染國(中國)之內，無恥地免於被正式指責的對象?!

令人難過的是，2013年5月9日，全天監測的CO2濃度首度飆破400ppm，達到300萬年以來的最高點，人類早已深陷極端化災變之中，卻始終不願更改自己的行為！此等拚經濟的全球迷思，台灣尤甚，不管什麼黨派得勢或執政，無論中央或地方首長、民代乃至鄉里頭人，除了錢財、硬體建設之外，別無更重要的內涵或價值，全民上下罔顧台灣早陷萬劫不復的險境，而古人所謂「上下交征利」，放在現今世人標準，簡直微不足道。台灣人真的窮到只剩下錢財而已?!

英國風險顧問(管理)公司「梅波克洛夫(Maplecroft)」，於2011年8月報導的「自然災害風險圖譜(Natural Hazards Risk Atlas 2011)」宣稱，依據國家經濟對天災的曝險情況，評比196個國家的排名，台灣與美國、日本、中國被列為「極高風險」，也就是支付帳單最高的四個國家。而該年全球7成重大天災發生在亞太地區。2012年則宣稱，2011年全球約有1,490萬人因自然災害而流離失所，且近9成在亞洲。

而筆者在台灣經驗的看法認為，台灣的危機與風險，很可能比上述的估計嚴重許多，因為台灣的城鄉與山地之間，欠缺足以隔離的緩衝帶，百年林業已經摧毀原始天然林保護罩約6-7成，而台灣土地之承受的人為壓力、工廠密度、車輛密度、能源消耗等等指標，均為全球平均或世界各國的2-68.5倍，從而造成增溫現象、海漲效應、日照時數減少、降雨時數減少、相對濕度降低、霧露減少、晝夜溫差降低等等現象，一旦極端氣候等天災發生，必須付出的代價高於或多倍於世界各國。

另一方面，半個世紀以來，日積月累的各種廢棄物，表面上靠藉環保法規暨執行，把關或放水，實質上，真正降低污染量者，有賴每年豪大雨、颱風、洋流及季風等充當台島天然「洗腎機」，大量汰洗，傾倒境外！

台灣的生態體系遭受的浩劫、污染的累積壓力、各種爆發的毒害等，筆者調查、研究、觀察、運動3、40年的經驗確知，幾乎沒有一件是獲得釜底抽薪的真正解決，相反的，每下愈況。

台灣環境、生態議題的第二層級結構性因果關係在於政治問題。

百年或 20 世紀台灣，歷經日治之南進基地、國府之反攻大陸之最高指導政策，台灣的資源開發利用，從來不是為了島內的長治久安、永續發展為考量，此面向筆者 20 年來已反覆申論多次，在此不贅述，僅以現象一、二交代。

由於半個多世紀以來台灣所謂的環保，都是污染或破壞到超過臨界程度，人民無可容忍或大地反撲之後，政府才設置專業單位來處理，都是後手棋而非有計畫、有規劃防制，而且，從 1953 年第 1 期經建計畫之展開，1957 年台灣進入塑膠時代（王永慶台塑等生產 PVC），1961 年 6 月 9 日台銀首度發行新台幣「百元大鈔」，1970 年代十大建設等，伴隨著石化等種種污染猛爆，因而 1980 年代以降，所謂環保運動，才尾隨政治平反，以及其他弱勢運動漸次興起。

然而，除了一些特定官僚體系、財團培殖的團體之外，真正台灣民間的所謂環保團體，唯一的資產只是一顆仗義之心、精神及毅力而已，其餘幾乎一無所有，但他們面對的是國家機器、財團恐龍、黑道黑金等，詐騙、恐嚇、身心迫害，環保人士遭遇的不只是環保污染與災難，他們對抗的是整個政權操控下的不公不義。

簡化地說，真正的環保團體或人士是弱勢中的絕對弱勢，因為他們「咎由自取」地承擔整個「共業之惡」。相對的，環境或生態系的破壞及污染是由政府、政策啟動的，過往筆者曾總結為：新任院長上台，踏在前任所創造的垃圾之上，繼續創造新的垃圾！因為我們未曾看過真正要由根源或歷史陳痾解決的政府首長，好的官僚只想解決當下問題，儘可能去達成上級所交代的政治或政策目標，但無人願意碰觸結構及歷史大惡。

2012 年 6 月 2 日，甫任國科會主委 4 個月的經濟學者朱敬一先生，投書在聯合報的「經濟學家徜徉在產業與農田之間」一文，恰好襯托出此一迷思。他談及中科二林園區紛爭折衝的經驗，先強調：「我儘量不從『當初有誰犯了錯誤』這個角度去切入，而要從『今天環境有什麼變遷』這個方向，去思索可能的變革。基本上，我沒有從零開始規劃園區的自由度，只能在現有的基礎上做最大的改善」，而國科會最後促成「將用水量大幅降低八倍，這樣的改變規模，絕對是台灣甚至其他國家園區轉型所僅見。但我認為，這個案子的指標性並不是在方案實體內容的轉型，而在於『由極端對立到折衷妥協』的氛圍改變。若能藉此個案促成公民社會對話的開端，那才是對台灣社會最大的貢獻。」

朱先生這篇文章感情豐富、理氣十足，充滿有守有為有良心的知識分子，投身官僚體系的浪漫與敦厚，是筆者所知，多年來難得的想做事、肯付出、有愛心的肺腑之言。

他敘述國科會的首要任務，「就是要調整產業、節約用水，試圖在經濟利益與環境永續之間，尋找平衡」；他認為「台灣社會運動的動能已經漸趨飽滿，各種 NGO、媒體的動員發聲能力，都頗為可觀……但……從豐沛的社會力到理想『公民社會』之間最難跨越的鴻溝，就是對話的勇氣與歧見的尊重。台灣社會在這兩方面，都還有一些進步的空間。」他肯定環保人士「訴求與自己利益無關；他們關心公益、真情流露」；他也輕輕地抱怨：「如果台灣的社運邏輯太過沉溺於抗爭批判對方，就不容易尊重不同意見者的見解，更不容易坐下來與異見者溝通、聆聽、說理、反思」、「……民間的意見領袖善於動員支持者、製作標語、呼喊口號、到特定媒體發聲，但是卻排斥任何我們安排的對話機制」，更導致國科會「腹背受敵，裡外不是人……本會正副首長因為安排對話所經歷的羞辱不知凡幾。這些，我們雖然能夠承受，但也不免會自問：若促成對話的唯一回報就是腹背受敵，值得嗎？以後，還有公務人員願意促成不同意見交流嗎？」

坦白說，朱先生很有涵養，遣詞用字很是拿捏分寸，換作別人，同樣實質意思可能可以寫成：「這些環保人士堅持己見、拒絕溝通，簡直是為反對而反對，欠缺公民社會理性的修養，很可能逼迫想要化解歧見的公務人員退縮，平白坐失二林園區的轉型，幸虧國科會正副首長忍辱負重，在極端對立的氛圍下，耐心促成交流，終於為中台灣人民促成中科轉型，做好產業與環境的永續，那既是積累功德，也是歡喜甘為……」

筆者未曾參與二林案的抗爭，無從實際瞭解那些環保人士如此「顢頇」，然而，如果有機會讓這些環保人士對朱先生的文章或意見做一回應（但不知報紙會否同樣願意刊登在話題A6版？），或許會有很有意思的對映?! 筆者但就若干現象，略作回應。

1. 中科二林園區開發案是行政院的「既定政策」，國科會盡力去達成任務，讓政策執行，國科會不管也不問此一政策該不該執行。對台灣土地、人民、世代等，是否誠如朱先生所謂的已經「做好產業與環境的永續」，有待時間去給答案，筆者無法論斷，但本案正是不論政治或歷史結構議題的案例之一，科技官僚只是配合政治、完成上級所託而已！如此看來，李遠哲前院長的反思又錯了一次?!
2. 誠然國科會可以將用水量降低8倍，試問，如果當初沒有抗爭，開發單位及國科會是否會自動責成如此「功德」？政府為土地、生界、人民、世代把關，不就是本來應盡的責任與承擔，何來「功德」之有？請問數十年多如牛毛的開發案，多少案例願意如本案般降低對環境的傷害或浪費？政府配合資本家到處「放火」，可憐環保人士螳臂擋車，費盡千辛萬苦，偶而「成功地」擋下一、二個小案例，試問何謂比例原則？全國排山倒海地「拚經濟」洪流當中，環保人士只成了潮流的眼中釘、肉中刺，卻從來沒有「功德」，還曾經被政府暗中列管為「流氓」，試問他們月薪多少？有何「權利」？為誰辛苦為誰忙而獲得什麼「成果、成就或功德」?!

3. 台灣歷來的環保爭端中，多少官僚、公務人員主動「安排對話機制」？以 30 年來為例，比例有無達到 0.1%？歷來環保人士遭遇何等對待？為什麼環保人士拒絕被安排？其形成的歷史背景如何？朱先生說「三個多月」國科會正副首長因為安排環保人士與產業派對話「所經歷的羞辱不知凡幾」，則 30 多年來所謂環保人士被關、被打、被恐嚇、被槍擊、汽車被割輪、衣物被偷丟棄……天文數字般的凌虐算老幾？筆者也聯想及前國科會謝清志副主委，以及李賢華、林延旭、林聰意、洪思閩、許澤善、許鴻章、楊明放、蔡崇興、鍾立來等，為南科高鐵振動案被檢調、司法冤曲迫害的人如何？置政府結構以及歷史背景、形成機制於不顧，所有前因一筆抹消，夸夸而論該當如何走向健康的公民社會，是謂理性、公平？試問現今台灣政府、執政者符不符合「健康的公民社會」？放棄對最大惡源、公權怪獸的要求，而對手無寸鐵、貧無立錐之地的環保人士苛責，符不符合社會正義？

4. 筆者十分同意且肯定朱先生勇於承擔安排公民社會對異見的對話與溝通，環保人士何嘗不是熱切期待理性溝通，憑道理講得通，誰人願意備極艱辛地抗爭？筆者 2、30 年經驗，我們從事運動的標準模式一向採取：調查、研究與告知；協調與溝通或公聽；不得已才運動與抗爭；然後思考如何協助政府與人民。相對的，政府公權及政商連結體對待我們的方式，從過往之不理不睬、瞧不起你、看你有多大能耐？到動用國家機器、爪牙整死你、困住你，但你還奮戰不懈，則第三步驟，收買你、籠絡你，從人情、親友到直接要給你好處，而環保人士還不肯屈服，第四階段，則複製你，例如森林開發處立即改名為保育處；你早上論述什麼，下午他們就依你的辭彙複製，他們也在做跟你一樣的「保育或環保」。第五階段，也就是近十年來，利用民主機制的形式或票票等值，培養了各式各樣的「NNGO」，搶佔公聽會席次，壟斷發言時間，投票更是一面倒，乃至於近 5、6 年來，橫幹、蠻幹到底，「你能奈我何」的惡質，傲慢到無以復加，試問現今國家機械的運作，官僚的手腕與技巧或態度，有多少比例如同朱先生等一副天真浪漫的純潔無瑕狀，而願意傾聽、理解、瞭解環保人士的訴求，並公允、客觀地洞燭問題的癥結，並謀求善意的改良？

以筆者為例，2、30 年來嚐試向官僚系統的溝通，包括寫信、寄資料報告或書籍給總統府、行政院、各單位，除了官樣應付一紙公文之外，幾乎完全沒回應，整體而言，究竟是誰拒絕溝通？誰在阻止公民社會的健全進展？打人的喊救人，何謂正義？真希望如朱先生等有良心的官僚，可以感染、傳播理念與實踐，影響當權、在位，而不是只向社會作「自憐式」地喊話！

再回原論述，不從因果大義關係釐清，而妄想社會轉變成為理性對話，很難！再也沒什麼比得上從來不公不義的政權，要求人民理性溝通更輕鬆的事啊！

台灣的土地利用、經建硬體建設或開發早就衝破浩劫臨界，當局不思從整體綠能產業作結構性的大改變，而一味推動如核電、石化、鋼鐵……族繁不及備載的債留子孫的產業，台灣已經斷送未來，況且，結構、因果關係不肯改善，從 1980 年代以降的貧富差距每下愈況，貧窮線以下人民的比例不斷增高，一旦到達特定程度，必然引爆社會動亂，凡此根本性問題不探討、不解決，台灣如何翻轉成為公民社會？

台灣為什麼迄今沒有「轉型正義」？台灣曾經有「政黨輪替」嗎？十幾年前筆者曾撰文提醒：社會一切都在「進步」，包括統治技巧的更加「精進」。而該進行轉型正義者，不只是政治，整體土地、生界更需要深度地反思、扭轉吧！

功過格與核電
—《了凡四訓》與反核

道教曾經有個神話。

漢朝時代，鍾離(名權)修成仙人。

唐朝人呂洞賓(名巖)曾兩次當官，但他一心求道，也曾禮佛。有次遇見仙人鍾離，鍾離教他修行、煉丹，而呂洞賓很想救渡世人。有天，鍾離傳授他點鐵成金的法術，也就是拿他煉成的丹點在鐵上，那塊鐵就立即變成黃金(大約相當於現今的電鍍)，有了黃金，呂洞賓即可到處救濟貧困的人們。

然而，呂洞賓問說：「鐵變成金以後，還會不會再變？」

鍾離答說：「五百年後還是會恢復原來的鐵塊。」

呂說：「那不是害了五百年後的人嗎?! 這種事我不幹！」

鐘說：「要修成仙，得積滿三千件功德，憑你這句話，算是修滿了啊！」

這是《了凡四訓》一書中，講述「半善滿善」的舉例。

事實上，這個神話假借鍾離在試探呂洞賓的心態，用來說明誠心、正心、真心的義理，雖然呂洞賓終究沒有黃金可以救濟別人，但他的一份善念跨越五百年，已足以成仙矣！

鄉親朋友們，你今天可以站出來反核、廢核，為當代、後代子子孫孫消災免禍，我們不必問結果，你已經是「一念萬年」矣！

但是我還是要提醒、要強調，即令我們廢核成功，我們還是沒有任何「功德」。不過，我可以確定，我們站出來了，保證可以讓我們活得更自在，更心安理得！

有位貧家女進入家鄉的大寺廟，她想佈施，但她身上只有二毛錢。

她惶恐但誠心地捐了。萬萬沒想到，大寺的住持竟然親自為她在佛前誦經回向求懺！

後來，貧家女嫁進豪門，大富大貴了。有天她珠光寶氣地回鄉，也帶了數百萬元到該寺佈施。這次，住持師父卻只吩咐個初學僧替她回向。

她很困惑地跑去問住持：「從前我不過施捨二毛錢，師父卻親自為我懺悔誦經；現在我佈施數百萬元，師父卻不理我，只叫個學僧應付，這是什麼道理？」

師父回她：「從前你佈施的錢很渺小，但妳的心念很單純、很真切，因而我老和尚若不親自替你懺悔、回向，無法報答妳赤真的功德啊！如今你佈施的錢雖然是天文數字，但妳佈施的心境、態度有雜染，不像先前那樣純真，叫弟子代妳懺悔也就夠了，你還敢來問我 ?!」

這就是「滿善半善」的舉例。數百萬元是半善，二毛錢是滿善。

然而真正的善，連個善念也不沾染啊！古人說：「以財濟人，內不見己，外不見人，中不見所施之物（財），是謂『三輪體空』，是謂一心清靜，則斗粟可以種無涯之福，一文可以消千劫之罪！」

台灣傳統的俗民、素民接受的，是這樣一套的教化，我們多少也有這樣的觀念或心念，或只潛蟄在意識之下、無意識之中。

相對的，我們來看看現在的核能電廠。一些政客及賺家欺騙我們，說什麼核電比較便宜，卻假裝核廢不用處理般，更不要說核爆或萬年以上災難的核廢外洩。不怕一萬，只怕萬一，試想一旦出問題，是千萬人以及後代子孫皆得進住枉死城啊！這樣的風險，卻要用騙人的缺電、電價上漲來虛張聲勢、恐嚇人民！這是何等的罪惡，誅連九族十世也無法彌補啊！

各位朋友！雲谷禪師傳授給袁了凡的「功過格」當中，所謂最高等級的功德是謂「准百功」，項目包括「救免一人死」等等，「准五十功」者包括「發一言利及百姓」等等；相對的，「致一人死」則列「准百過」，「發一言害及百姓」則「准五十過」等等，請問，當今硬幹核電廠、硬要把人民推向永世不得超生的數以百萬人計算的邪魔核電，該當何罪？人民如何而能倖免？

再舉《了凡四訓》書中的一個神話故事，讓大家瞭解台灣人底層的價值觀如何被形塑，又如何變成我們優良的內在意識。

古代有位叫做衛仲達的官吏，有天突然昏死過去。他的靈魂被牛頭馬面拘押到陰司地府審判。審判官命令手下，將記載衛氏的善惡記錄簿拿出，一本本攤開來，記載他做惡事的多得嚇人，竟然鋪滿了天井還沒擺完；相對的，記載善事的少得可憐，但只半張紙不到，捲起來比筷子還細。衛某一看，魂飛魄散，大聲喊冤：「我年紀不到四十歲，那來這麼多過失？那有時間做這麼多壞事啊?!」

判官說：「不只你實際做出來的過錯，凡是你起心動歹念或一念不正都算過失一條啊！」難怪有數不清的罪過！於是，獄卒搬來「終極天秤」作善惡總清算，衛某人心想慘了。

不料這麼一秤重，奇蹟發生了，堆積如山的罪過還比不上半張他所做的善事。衛氏更加糊塗了，就問：「我做了什麼善事啊？」

判官打開看說：「有次皇帝要興建一件大工程，你上奏章勸說不要勞民傷財、荼毒百姓。」衛氏更加困惑地問：「可是皇帝並未聽從我的建議，他還是動工了呀?!」判官

台灣傳統宗教的價值觀或行為準則，很大的一部分源自《了凡四訓》。

回說：「你的一念在萬民，畢竟是很純真地想要免除千萬人民的苦難，這份善念大得很，如果皇帝採納你的建言，則更加功德無量啊！」

所以說為天下蒼生消災謀福，善雖小而大，如果只念念不忘為自己而興善求功德，則善大而小。

這也是為什麼中峯法師(註：他寫的《三時繫念》就是現今台灣喪葬最常被誦唸的經文之一)說：「有益於人，是善；有益於己，是惡。人之行善，利人者公，公則為真；利己者私，私則為假。又根心者真，襲跡者假；又無為而為者真，有為而為者假。」

台灣人對「善」的概念，實乃脫胎於禪門教化，加上儒道在帝制傳統下的諸多優缺點或束縛，但只消朝向現代民主化的內涵發展，一樣無礙於本質的大公義與大慈悲或大愛。

試想現今反核、廢核，為的是生命不可忍受的萬一，為的是避免天下蒼生遭受核爆（氫爆）、核廢的永世屠殺與傷害，而大家挺身而出，且為公、為世代，實乃善莫大焉！因此，就台灣常民道德觀的本質來說，依據「功過格」，反核、廢核的大功德超越了歷來行善的總和啊！然而，我還是得強調，至大的功德仍然在於放下功德的執著或沾粘，而可進臻一心清淨。

就算你現在尚未能領悟「無功用行（無所求行）」的出離或超越，至少我確定，擁核是邪魔惡道；你漠視或袖手旁觀也是惡貫滿盈！《書經》開宗太甲篇即強調：「天作孽，猶可違；自作孽，不可活。」《詩經》說：「永言配命，自求多福」；《易經》第一義更楬櫫：「積善之家，必有餘慶」，站出來反核、廢核就是自求多福的天道啊！

貳

行腳之前文宣

8.《廢核四百萬人環島接力行腳》正式啟動（記者會）—立即廢核四，決戰中、南、東

(2013.8.29)

感恩台灣這片天地、眾神！

現場先進、朋友們：大家好！

所有站出來反核、廢核的團體、個人，在我心目中都是天使，我只想成為您們的僕人、跟隨者！

我們今天沒什麼神秘貴賓，所有出席者、正在連署中的共同發起人，都是堂堂正正、磊磊落落的反核、廢核者！政府無能的，由我們來；權力、錢勢做不到的，我們來做。我們要爭的，是世代公義，是生界的保全，是永續大愛的信仰，是普世價值，是人類尚未存在的善良與道德！

幾個月前我打電話給文壇大師李喬前輩，邀請他 10 月 10 日一齊到核四廠前，升壇、誓師、開走，我很沒禮貌地講了一句：即使您倒下了，我也會扛著您的神主牌繼續往前走！我以這樣的精神宣佈，《廢核四百萬人環島接力行腳》運動正式展開。

從各種民調資訊顯示，立即終結核四的現今關鍵或決戰

2013 年 8 月 29 日康芮風雨中，假台北市梅哲音樂館舉行廢核四接力行腳運動正式啟動記者會，主講席左起依序為陳月霞女士、史英教授、高成炎教授、林俊義教授、李喬先生。

林俊義教授發言，其乃台灣第一代反核人士之一(2013.8.29；台北市)。

點，在於中部、南部及東部民心的覺醒，因而有必要發動「廢核四百萬人環島接力行腳」運動。

半年來，全國公民賦予政府霸權最佳廢除核四的機會，但昏庸寡頭卻始終頑冥不化，寧願耗損更大的社會成本，作困獸之鬥。如今，公民團體多已發出決戰公投的動員，在此再度對政治人物們作最後呼籲，全面護土倒戈，宣誓立即廢核四，回歸良知與主流民意。

於是，公投決戰業已開打。全國人民必須正視，公投的實踐，代表主權獨立的國家；公投，正是人民行使直接民權的一種方式。核四公投，相當程度反映台灣人民承不承認我們是一個主權獨立的國家；投票率的高低，某種程度亦可代表台灣人民擁護主權或自我放棄、自我尊重或矮化國格的指標！全世界的人都在注目，台灣公民值不值得尊重或尊敬；全國公民也正要展現，終結次等人民或次殖民地的歷史陰影！

《廢核四百萬人環島接力行腳》的重點，在於喚醒並培植基層、青年公民意識暨新團體的誕生，更朝向偏遠地區開疆闢地，決戰中、南、東。我們只求付出，我們將支援任何的公義行動，而廢核四是首要目標。

我個人數十年環境運動的資歷，差不多已夠資格成為現今青、壯公民的僕役，為青、壯世代公義的領導人掃掃地、送送茶水、打打雜。我在此誠懇地宣佈，各位以及正在連署的共同發起人，您們已經成為我的導師；全國各地青壯一代的朋友們，已然成為我的領導人。我們在此，完成世代交替、薪火相傳。今天，我們五代同堂大反核！今年，將是廢核民國元年！

廢核電、清核廢

其次，請原諒，我也必須誠實地說，核四存廢對我而言早已是過去式，核四根本不可能運轉而不出事，核四的廢除，只剩政客們利益得失估算點的遲早而已！

令我坐立不安的是核廢，台灣如何清除核廢?!

現今想得到的清除核廢有幾類：

一者將核廢打進很深、很深的地下，往地心送，讓冥王去解決；一者向外太空推出，讓上帝去煩惱；一者全球公開招標，看看需要多少錢，那個國家、任何地區，永久存放核廢而可對全球生界最低危害的可能。這三者都必須訴求全球或合宜國家的合作。

再者，台灣早就該推動「生產者必須為其產品負責到底」的國際運動。二、三十年了，我們在課堂上每每強調，產經企業、任何行業包括教育，必須為其「產品」向地球生界負責，則我們有必要將台電三十多年前，跟奇異等等公司的契約翻出，大打國際官司，要求其回收核廢，或至少協助如何善後，另一方面，串聯全球仁人志士，推動此一世界性的全面運動。

至於蘭嶼核廢，核一、二、三，在終極處理之前，如何打造相對長期性的「核廢塚」，必須審慎而儘速提出完善的實施方案。又，如何肢解或自由化「怪獸電力公司」，

史英教授發言（2013.8.29；台北市）。

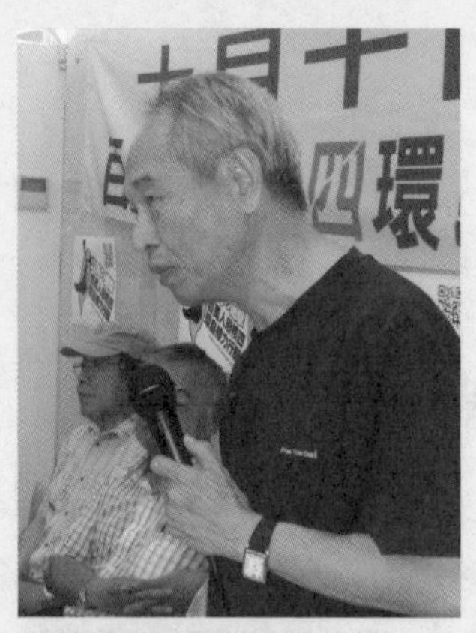

發言慷慨激昂的李喬先生（2013.8.29；台北市）。

王小棣導演發言（2013.8.29；台北市）。

柯文哲醫師發言（2013.8.29；台北市）。

年輕世代發言（2013.8.29；台北市）。

田秋堇立委發言（2013.8.29；台北市）。

陳月霞女士發言（2013.8.29；台北市）。

中研院黃銘崇副研究員發言（2013.8.29；台北市）。

楊國禎副教授發言(2013.8.29；台北市)。

來賓陳榮銳教授(左)、黃銘崇副研究員(右)(2013.8.29；台北市)。

來賓楊憲宏先生(2013.8.29；台北市)。

來賓馮賢賢女士(2013.8.29；台北市)。

來賓高成炎教授(右)(2013.8.29；台北市)。

象徵手勢去核四(2013.8.29；台北市)。

則是我們下一步將提出的計畫。

同時，必須扼殺任何試圖讓核一、二、三延役的念頭或做法，杜絕死灰復燃的種種可能性！此外，核四廠建物、廠址等，理應規劃為對在地生態、民生、經濟或文化等用途，迴饋、補償在地人反核三十餘年，精神及物質上的損失。

接力傳承與創造

接力行腳包括時、空及主體場域的薪火相傳、更新創造。我現在將主持人的角色，交付青壯世代。關於廢核等內涵，部分已寫在本運動共同發起人邀請函，以及附錄之中，不再作口頭報告。

感恩！

9. 2013年8月29日 廢核四行腳記者會各代表發言文稿

文字整理：郭麗霞、吳學文

第一部分【會前發言】

李喬先生：

大家好！我們今天要做的一件事情，是要把這個會把台灣永遠、永世摧毀的核能、核四給廢掉，客家話的「核四」意思是「死定了」。這是一個全民自救運動，現在一般的科技知識已經了解，台灣這塊脆弱的土地上、這麼小的地方，絕對不再容許有核四廠的設立，因為很可能會發生核災，這跟台灣每一位居民、子孫都是相關的；都直接關係到每一個人的生存，如果處理不好就毀了！這是全民的活動，他高於統獨的問題，跨越所有的政治與意識形態，是居民的自救運動，也是作為世界公民之一的我們的一種責任，先把台灣救起來，不把災害帶給全世界，不是憤怒、不是哀傷，但是決心要做，不只一個人出來，全家都要站出來，一起來面對。人民的力量要出來，用人民的力量保衛台灣。

關於廢除核能發電，是一個必須的自救活動。我有一篇小說《藍彩霞的春天》，寫一位弱女子在被壓迫而無法生存的時候，起來反抗的故事，一個被壓迫者想要爭取自己的合理生存空間，一定要自己起來做，對壓迫者而言，他們是絕對不會放手的，行動要靠自己，天助自助者。反抗來自自己，自己不起來反抗，你的人格受損，進一步講你的命沒有了，更進一步講整個台灣住民都會消失。要記住，反抗一定要付出代價，不付出你就不存在，抽象的是爭取尊嚴，具體講是爭取生命。生命是相連接的，核四的問題如果不解決，發生災難時，誰都跑不了，這是一個嚴肅而平實的問題，需要大家去行動。

廖本全先生：

台灣這座小島，地小、人多，沒有任何發展核電的條件，過去台灣社會因為不了解核電的危險，而讓他存在台灣這麼久，現在台灣社會已經有愈來愈多的人了解他的危險性，所以我們不能讓核電在台灣繼續危害我們以及後代所有人的生命財產與安全。十月十日廢核行腳，對我而言是「公民之途」，凡是在台灣這片土地上的任何一分子、任何一位公民，都應該站出來，善盡作為公民的職責，站出來你就成為台灣社會的公民、站出來你就為這塊土地、為這個社會以及為這個世代盡一份你的責任，請大家站出來。

李順涼先生：

為了台灣有更長遠的生存空間，給我們子子孫孫一個更加美麗的台灣，讓大家在這裡生活，我呼籲大家十月十日開始為反核四走出來，帶給子孫更好的未來。我們不希望台灣變成另一個日本福島，為了我們自己、為了子孫，請大家十月十日走出來。

第二部分【正式記者會的發言】

陳玉峯教授：

感恩台灣這片天地、眾神，現場先進、朋友們：大家好！

所有站出來反核、廢核的團體、個人，在我心目中都是天使，我只想成為您們的僕人、跟隨者！

幾個月前我打電話給文壇大師李喬前輩，邀請他 10 月 10 日一齊到核四廠前，升壇、誓師、開走，我很沒禮貌地講了一句：即使您倒下了，我也會扛著您的神主牌繼續往前走！我以這樣的精神宣佈，《百萬人廢核四環島接力行腳》運動正式展開。

從各種民調顯示，立即終結核四的關鍵或決戰點，在於中部、南部及東部民心的覺醒，因而有必要發動「百萬人廢核四環島接力行腳」運動。

半年來，全國公民賦予政府霸權最佳廢除核四的機會，但昏庸寡頭卻始終頑冥不化，寧願耗損更大社會成本，作困獸之鬥。如今，公民團體都已發出決戰公投的動員，在此再度對政治人物們作最後呼籲，全面護土倒戈，宣誓立即廢除核四，回歸良知跟主流民意。

於是，公投決戰業已開打。全國人民必須正視，公投的實踐，代表主權獨立的國家；公投，正是人民行使直接民權的一種方式。核四公投，相當程度反映台灣人民承不承認我們是一個主權獨立的國家；投票率的高低，某種程度也代表台灣人民擁護主權或自我放棄、自我尊重或矮化國格的指標！全世界的人都在看，台灣公民值不值得尊重或尊敬；全國公民也正要展現，終結次等人民或次殖民地的歷史陰影！

本運動的重點，在於喚醒並培植基層、青年公民意識暨新團體的誕生，更朝向偏遠地區開疆闢土，決戰中、南、東。我們只求付出，我們將支援任何的公義行動，廢核四是首要目標。

我個人幾十年環境運動的資歷，差不多已夠資格成為現今青、壯公民的僕人，為青、壯世代公義的領導人掃掃地、送送茶水、打打雜。我在此誠懇地宣佈，各位以及正在連署的共同發起人，您們已經成為我的導師；全國各地青壯的朋友們，已然成為我的領導人。我們在此，完成世代交替、薪火相傳。今天，我們五代甚至六代同堂大反核，今年，將是廢核民國元年。

我們的第一代反核的老祖宗林俊義教授，當年提出「反核就是反獨裁」；施信民教授、張國龍教授都是第一代。第二代像高成炎教授還有我陳玉峯。第三代像楊國禎教授。第四代像李根政。第五代、第六代即年輕世代。今天在整個反核的歷史，是史無前例的五代或六代同堂大反核。

其次，請原諒，我也必須誠實地說，核四存廢對我而言早已是過去式，核四根本不可能運轉而不出事，核四的廢除，只剩政客們利益得失估算點的遲早而已！

令我坐立不安的是核廢，台灣如何清除核廢?!

現今想得到的清除核廢有幾類：

一者將核廢打進很深、很深的地下，往地心送，讓閻羅王去解決；一者向外太空推出，讓上帝去煩惱；一者全球公開招標，看看需要多少錢，那個國家、任何地區，永久存放核廢而可對全球生界最低危害的可能。這三者都必須訴求全球或合宜國家的合作。

再者，台灣早就該推動「生產者必須為其產品負責到底」的國際運動。二、三十年了，我們在課堂履履上強調，產經企業、任何行業包括教育，必須為其「產品」向地球生界負責，則我們有必要將台電三十多年前，跟奇異等等公司的契約翻出，大打國際官司，要求其回收核廢，或至少協助如何善後，另一方面，串聯全球仁人志士，推動此一世界性的全面運動。

至於蘭嶼核廢，核一、二、三，在終極處理之前，如何打造相對長期性的「核廢塚」～核壙墓，必須審慎而儘速提出完善的實施方案。又，如何肢解或自由化「怪獸電力公司」，則是我們下一步將提出的計畫。

同時，必須扼殺任何試圖讓核一、二、三延役的念頭或作法，杜絕死灰復燃的種種可能性！此外，核四廠建物、廠址等，理應規劃為對在地生態、民生、經濟或文化等用途，回饋、補償在地人反核三十餘年，精神及物質上的損失。

接力行腳包括時、空及主體場域的薪火相傳、更新創造。我現在將主持人的角色，交付青壯世代。關於廢核等內涵，部分已寫在本運動共同發起人邀請函，以及附錄之中，不再作口頭報告。我要特別強調，這個運動、我們今天的記者會是採取章回小說的方式，就是愈後面出現的人才是主角，前面部分我們交給青壯一代是因為重視整個記者會的效率，但是我們重視倫理跟實質內涵，所以在後半段時間，特別拜請每一位前輩來講一段話，我們勢必要做歷史的見證。另外，這個運動的起源，最早由曹偉豪先生提出，接著開一次會議，然後由佘國信環島兩三圈把整個雪球滾大了，上週由潘翰聲規劃今天的記者會，所以接下來的部分就交給年輕世代，最後要請在場的每一位都發言，我們會將之做成紀念、拍攝影帶，為廢核元年留下歷史見證。

感恩！

林俊義教授：

被封為「反核教父」，我感覺慚愧，因為反核問題沒有解決，還要靜待 40 年後，我的學生陳玉峯教授再起來推動這項工作。今天正好是美國民權運動馬丁路得・金恩 (Dr. Martin Luther King, Jr.) 在華盛頓廣場的演說 I Have a Dream，五十週年紀念。當時有另一位演講者 John Lewis 當時 23 歲，組織學生進行美國的民權運動，他現年約 73 歲為現任美國國會議員，記者訪問他做了 50 年的民權運動，現今的美國有符合你們的願望嗎？John Lewis 說：「還差一大段落。我不會放棄，也不會臣服，並抱有希望。」我跟大家一樣，在有生之年，一定要起來反核，就是死後也要請大家拿我的神主牌來反核。日本的福島核災，其實是從現在才開始的，福島事件的後遺症從現在才開始。福島的輻射已洩露到太平洋沿岸，引起中國、美國等國家的抗議。台電核一到核三廠目前有一萬六千束用過的燃料棒要處理，只要處理不慎就會造成重大危險。很高興今天有六代同堂，有這麼多年青朋友站出來反核，讓我們一起努力讓台灣成為非核家園。

史英教授：

國民黨非常害怕公投，所以他弄了一個鳥籠公投，陳文茜說這個公投法是她寫的，目的就是什麼都不能投的。我有兩個目標：一個是修公投法使他比較合理。誠如陳玉峯老師講的公投代表我們真正的主權。第二就是迎戰。另外就是核一、二、三也是要透過公投來廢除。總而言之，就是要行動。要宣揚理念，跟民眾接觸讓大家了解。我們的教育使得作為國家主人的民眾，非常欠缺信心，只要有高學歷的學者專家出來隨便講一句話，民眾心中就非常害怕，專家說核電很安全、沒有核電就會餓肚子，民眾就非常害怕。大家不覺得也不相信憑著直覺、憑著基本的理性，就可以做判斷，尤其是基層的民眾。我們要讓全台灣的民眾、公民都能夠了解我們應該廢棄核能；所有會傷害這塊土地的事，我們都要拒絕，我們要為子孫好好保護這塊土地，我們希望透過這次百萬人行腳，用我們的手、腳、雙眼看著我們的同胞兄弟姊妹，在各個工作場域台灣真正的主人、經濟奇蹟的功臣，好好地跟他們說明，希望大家跟台灣的土地站在一起。

吳春蓉女士：

十月十日大家來貢寮，我們已經為大家準備好一個反核的基地。我最近聽在核四廠裡面工作的工人告訴我，核四廠儀控室裡的管路有很大的缺失，我們貢寮的在地人已經準備了許多資料，將在反核最後一里路的時候給予核四重擊，感謝大家繼續支持我們。

李喬先生：

我心理很沈重，美麗的台灣供養我已經 80 年了，我很慚愧！想用兩句話來表達我的心聲：第一是憤怒，第二是充滿鬥志。

我的憤怒裡面包含 2 層：一是「疼惜」：台灣這塊小小的土地，她的地理位置、她的山…少一點不行，多一點也不行，就是剛剛好，最好的，我用了她 80 年，內心非常疼惜。第二個感覺是「哀傷」，歷來的殖民者及當權者，把台灣當成收集資源的地方，我們受的教育是被扭曲的，但我認為人性最深層的地方是不可能被扭曲的，我感覺哀傷的是台灣人保護台灣不夠，所以一步一步的危機接連而至，所以我感到憤怒！我對自己活得這麼老而無所作為憤怒。我願意追隨大家繼續奮鬥，希望死得其所。

我感覺也充滿著鬥志，我們現在要積極的把核四的惡靈切斷，切斷核四的利益結構。這是一次全民運動，廢核是一個超越統獨、超越藍綠、超越階級貧富、超越區域、超越族群的運動。核能一旦發生災變，整個台灣就毀掉了。台灣人民要起來反抗，這是唯一的一次機會。

王小棣導演：

我代表導演們「不要核四　五六運動」發言，每週五下午六點在自由廣場前面，邀請大家有空來參加。目前導演們正以接力的方式，在進行反核四活動，這次行腳我們請大家一起加油。

柯文哲醫師：

核四是生活問題，我們要留下一個什麼樣的台灣給下一代，這是值得我們思考的問題。我認為政治是一個找回良心的問題，什麼是對的、錯的，難道你不知道嗎？目前台灣的民意已經是 70 比 30，贊成蓋核四的已在 30% 以下，如果有更多的教育，擁核的比率應該會更低。我認為國民黨提出的公投太權謀，因為民意已經很清楚了，如果國民黨堅持舉辦公投，如果投票率不到 50% 則民怨會更高；如果投票率超過 50% 廢核四，則會倒閣。我覺得馬英九不應該把江宜樺當衛生紙使用。我是用常識跟醫學上的經驗來反核四的，一旦核災發生後要怎麼疏散人口？核廢料不知道要怎麼處理？環島接力行腳也是一種宣傳，我相信透過宣傳，擁核的人會降低。

魏揚先生：

台灣反核運動到現在這個時刻是要算總帳的時候了，接著我們要做的是民意的匯集，來擊碎擁核集團。

劉子鳳小姐：

政府發現他們的謊言被拆穿之後，他們想設計另一套遊戲來掩蓋錯誤，這個遊戲叫「公投」，政府並不想傾聽人民的心聲，而是藉此假遊戲來繼續蓋核四，繼續玩弄民眾，20 萬人的聲音政府聽不到的話，我們就百萬人站出來。

反核之夏：

我們到處走訪各地，發現反核民眾愈來愈多，相信反核運動一定會成功。

賈伯楷先生：

政府為了少數人的利益，而不當開發，破壞環境，影響多數人的生活，我們與許多在地居民都相信，核四及不當經濟開發，都不是台灣未來經濟發展的解藥，我們都知道要站出來反對核四，一起為公投努力，雖然門檻很高，我們不用灰心，即使公投不成功，未來我們還是要採取更多方式來反對，絕不讓政府得逞！

王浩宇先生：

桃園是國民黨的地盤，兩年前我們在該地提出反核聲明時，就直接被他們抹綠，所以推動反核非常辛苦。這一年來我們常到基層跟民眾溝通，明顯的感覺到民意正在翻轉，國民黨即使在桃園辦各種擁核宣導、送便當、送東西，但民眾愈來愈不相信台電了。我們服務處的文宣、貼紙都大量地被民眾索取，反核的力量大大地提高，未來在此地的公投應該會有良好的成績。

蔡智豪先生：

常聽人家說台灣最美麗的風景是人，這次廢核是來自台灣民眾最深沉的良善，透過廢核來凝聚民眾善良、慈悲的力量，相信廢核一定有希望，廢核行腳不在於環島而是在台灣的每一個地方、每一條街，所以十月十日是全國廢核的宣戰日，是號召每一個里、每一個村，只要有能力的人請一定都要站出來，我們要像水牛般細細翻過田裡的每一寸土。陳玉峯老師所帶領的中央隊，是一個啦啦隊，是一種精神的凝聚力量，要到每一個地方鼓舞士氣。這兩天在網路上，可以看到廢核的民意以超過七、八成，已跳脫了藍綠的意識形態，我是軍校的校友，在臉書上成立了軍校校友反核部隊，通常軍人以偏藍的居多，沒想到一天內就有數十位軍人來報名，所以對於這樣的現象，我們非常有信心，我們要把這樣的民意凸顯出來。我們這次行腳要以打總統選戰的規格來運作。

李順涼先生：

早期我們的教育，灌輸給我們的是要服從領導就是忠於國家社會，但事後發現我們的教育本質如果只是服務政治，而教育被這樣子利用令我們痛心疾首。今天我們站出來反核四，其實不是要反對一切而是希望台灣要更好，本著教育的良知，讓生活在這塊土地上的人，包括我們的子子孫孫，能夠過著更美好的日子與生活，讓我們共同努力讓台灣更美好！

李根政先生：

今年的 309 反核遊行有 22 萬人走上街頭，可是媒體好像只記得今年只有 25 萬白衫軍上街頭，為什麼有那麼多人要上街來反對核四？其實是代表了強大的民意，所有的民意調查都顯示有七成以上的民意反對核四。在這種情況下，馬英九還是要堅持將核四交付公投而不是直接廢除核四，在某種程度來說，馬政府是在挑戰民意、藐視民意。所以目前在台灣各地有許多民眾正在發起各種形式的反核運動，小至個人，大到像今天這樣的大串連，都顯示台灣反核的公民運動都在彰顯與持續擴大中，我們最終的訴求不只是廢核四而且要永久廢除核電，核一、二、三能夠提前除役。我們是踏著日本 311 核災後重新覺醒的一群人，希望在我們有生之年，在有限的能力內，盡可能用各種方法來推動廢核四及終結核電的運動。

黃煥彰先生：

昨天台南的七個社區大學達成一個共識，希望在 2025 年的 5 月 18 日達到台灣的非核家園日，因為核三廠是 5 月 17 日關廠，我們另一個共識是：廢核四，反對核一、二、三延役，我們也呼籲全國各社區大學也出來支持這項活動。

田秋堇委員：

核四是台灣人的生死門，是我們的共業，為了反核大業，我們就是要逼台電去發展替代能源，在反核的過程當中，我發現我們的能源政策也出了很大的問題。今天是反核四的臨界點，多年來我們的付出真的是點滴匯成巨流，所以我在立法院一定會奮戰到底，我們的戰略就是讓公投往後延，這麼多人民都知道核電危險的情況下，政府還敢鴨霸硬要把燃料棒放進去，我不相信政府敢這樣做。

高清南先生：

我想這次的反核一定可以成功，我們現在不是用人在聯絡而是用網路在聯絡，我雖然 60 歲了，但還是要跟大家作夥來打拚。

陳月霞老師：

我是反核的第二代，我發現我們的議題從「反核」走入「非核」，也就是從政治面走入了生活面的議題，也就是走入了未來與道德性，以這樣的立場來辦百萬人行腳，我覺得是非常有意義、有力量的，也就是我們把這個議題提昇到生活的層面，這樣可以讓更多的民眾覺得原來我們是同一條心的。另一個重點是今天我們把棒子交給了年青世代，是因為我們可以以前輩們的智慧做後盾，並仰賴有體力、有戰鬥力的年青人往前衝，我們對這些前鋒的青年們寄予厚望，請大家加油。

廖本全老師：

剛剛聽了高大哥的一段發言，我只記得他講的一個字：「拚」，他拚了一輩子，我們這個世代怎麼可以不拚？309 反核大遊行時，有位記者問我：「今天為什麼而來？」我本來想了很多理由想講，後來我只說了一句話：「因為，我是人。」我只是在善盡一個生長在台灣的人，應盡的職責與本份而已。我家裡有兩個小朋友，一個小一、一個幼稚園，他們常常在家裡玩的遊戲是拿著反核旗高喊終結核四、拒絕危險核電，不知道這是他們的生活還是遊戲，但我自己認為既是遊戲也是生活，我告訴我自己，作為一個父親，當你的小孩發出這樣的訴求，你怎麼可以不為他們拚到底！剛剛李喬老師說「他是一個慚愧的老人」，我覺得今天在座的我們從一代到六代，都是慚愧的世代；柯文哲醫師也說：「我們到底要留下什麼？」我們要留下核電廠嗎？要留下核廢料嗎？我們要留下所有的危險及這個社會共同的欺騙嗎？我們要留下慚愧嗎？還是我們要留下「夢」？這次的「廢核行腳」，我認為這是一條公民之路，站出來就是告訴台灣社會：你就是公民。站出來才能夠讓台灣成為真正的公民社會，我們透過這次的行腳，讓台灣徹底的改變，甚至社會、環境、你我共同改變。

黃銘崇研究員：

有位楊斯棓醫師，目前已在全省環島反核演講 100 場以上，很多人正在默默地為台灣付出。我有一個朋友告訴我，再給政府 A 錢四、五百億好了，但請政府一定要停建核四。可見反核的訴求已到了這種地步。我很想畫一個漫畫叫「永遠的福爾摩沙」來表達：這個島不是我們的，我們只是一個過客，當核災發生後，總統府變成跟吳哥窟一樣長滿了植物，還有大得跟人一樣的昆蟲，已經沒有人類在上面生存！

楊國禎教授：

我們的社會號稱「民主」，但白色恐怖與威權還是時時在我們的周圍蠢蠢欲動，我們 9 月 01 日在一塊私人土地上要辦一個反核升旗典禮，結果呢，警察事前來騷擾說你們沒有辦集會遊行申請，接著警察還去找要借地方給我們的農夫，去跟農夫聊聊，在鄉下的地方，只要警察跟去找你，就是一個威嚇的力量。隔天警察就要求農夫把「非核家園」四個字拿掉。這次廢核行腳，我們不僅要廢核還要把這樣的威脅拿掉。前一陣子我們邀請一位地質學家來演講，他用五楊高架橋來解說這一帶地層的數據，證明在一萬年內這裡的地層會移動超過十公尺以上，這裡是第一類斷層，但我們的政府卻對外宣稱這裡是第二類斷層，這樣的訊息讓核一核二跟台北市的危機意識掩蓋起來。如果我們可以透過行腳活動把正確的訊息傳達給人民，我們相信我們未來才會有希望。

林偉連牧師：

長老教會從 1992 年反核宣言開始到現在，一路走來對核能的問題、核廢料的問題、台電的欺騙都一直在關心。福島的核災影響很大，造成許多小孩沒有了活動的空間，這群可憐的小孩要到很遠的地方才有戶外活動！上帝為我們所預備的這一塊美麗的寶島，如果有任何閃失，其後果是人無法承擔的，請大家繼續拚。

吳學文先生：

今天不廢核，明天就沒命，廢核、非核、永遠不要核，是真正的智慧、真正的慈悲，也是真正的愛土地、愛我們的後代的行動，我們一定要一起努力到完全成功為止。

葉秋源先生：

我是學勞工安全的，這次環島從腳要注意安全，希望能夠考慮到大家的安全，我希望能成立一個安全組來維護每一位行腳者的安全，讓這活動圓滿完成。

蔡智豪先生：

我們的政府只有做防空演習，而沒有做全民的核災演習，所以我們上個月帶著一群家長及小朋友做了一次核災演習的遊戲，我們插一根旗子代表安全的地區，遊戲開始發出核災警報，要每位小朋友跑到安全區，當時一陣慌亂，哀鴻遍野，有幾個小朋友跌倒，大家就從他身上踩過去，他們就哭了，當時孩子的父母沒有發言，第二天有一位爸爸在臉書上發表感想，還好這只是遊戲，如果真的發生核災，我們難以想像會是什麼情景！

洪申翰先生：

這次行腳活動，我們要打一個集體的作戰，目前還不知道政府要不要辦公投？即使不公投，我們也要擋核四的預算，這都需要大量有組織的方式來匯聚各方的力量，例如我們目前在籌組「反核柑仔店」，跟大家來反核。

田秋堇立委：

我那天去圓山飯店面對工業界、產業界演講，要去說服他們反核。在我之前的幾位演講者提到綠能不穩定、沒有核電就會缺電等問題，我就播放投影片給他們看，內容是德國政府放在網路上的資料，德國政府聯統計局宣布去年德國賣電給其他國家，賣了 228 億度，賺了 535 億台幣，德國是發展太陽能跟風力發電，才有餘裕賣電。從德國在台協會提供的資料看出，2008 年德國的電力比法國（75% 使用核電）還要穩定，停電時間也比法國少。從歐盟的統計資料也顯示，德國的失業率也比法國小。由於德國的電很貴，所以他們的工業設施都設計得非常省電。其實這些台電早就知道了，只是不斷地做假帳。有位原能會的退休官員告訴我，他是派駐到核四廠的監督官員，核四廠的問題非常的嚴重，他們記錄下來 po 在網路上的資料，事實上只是裡面的一小部分，我說網路上的這些資料已經夠驚人的！連政府官員都這樣說了，這場戰我們不贏怎麼可能！

10. 2013年8月28日 陳玉峯教授訪談

訪問者：鄭富聰；文字整理：吳學文、郭麗霞

問 請問老師當初為什麼會有廢核行腳這個運動的想法？

答 所有的助緣都是來自青壯一代，他們有感於整個社會的氛圍，未來台灣環境的狀態需要有所革新，他們認為「老師你應該出來！」。像當前台灣核電、核廢對台灣環境的影響，是永世型的，所有的環境災難裡面，歷史上從未記錄過的除外，到目前為止，核災的問題應該是最最嚴重的，核災一旦發生，氫爆還是小事，最重要的是輻射是一種無臭、無色、無聲、無息，卻是會讓你求生不得、求死不能，核災一旦發生，就應了古人所說的：台灣會變成「有路沒人走、有茨沒人住」，形同枉死城一般，是個活地獄了，看看三哩島、車諾比、福島，這些活生生的歷史！核災一旦發生，不但幾十代的努力、積蓄全部歸空，而且還會斷了後代子子孫孫的生路和未來，這是最基本的認知啊！

不能只說今天省了多少錢，事實上，核能電廠並不省錢，甚且還是禍延子孫的事情，那真的是債留子孫、永世不得超生。人一接近高階核廢，兩分鐘就死了，到目前為止，全球無人可以處理核廢，所以，回過頭來看今天的世間，人們不斷地拋頭顱、灑熱血才爭出一片自由的天地，而這「自由」的定義，必須包含有「免除心裡的夢魘跟恐懼的威脅」。

台灣這麼小，核廢的存在是幾萬年，而且第一次的半衰期，要超過台灣人的666代，還無法衰退完，我們必須思考，任何債留子孫、遺禍世代、萬年不得超生的作為，人民有沒有要求免於恐懼、免於被威脅的自由，我們不該貪圖一點點表面上，而且是欺騙人的利益，來造成斷子絕孫。

在過往，因為人命不值錢，而現在，整個價值系統已經改觀，面對這些狀況，目前的新生代，已經有一番覺醒，所以才會要求我要出來，但我出來不只是代表個人的意志，而是承接青壯代的覺醒，我們已經反核幾十年了，只期望在我們這一代，能夠中止一些罪孽，不是製造任何的功德，我們的想法只是這樣而已。

問 這樣的想法，總是有前面的一些累積，那～是怎麼來的？

答 基本上我不知道台灣各個反核團體他們的概念來源，我想一定有很大的分歧，但是以目前來講，台灣大眾其實是被福島所驚醒，而我個人在早期台大的時期，曾經有接受邀請做核四廠預定地的生態調查，在調查的過程，發現很奇怪的是，當你告訴他們哪個地方有稀有植物，下一次去調查就不見了，隔幾年，我擔任環保署的 xx 委員，再去看時，哇！以前調查的一切生態體系的東西都不見了。當時我很納悶，叫我們做生態調查到底是為什麼？發覺根本是騙人的，那只是個橡皮圖章。建核電廠是全面性摧毀生態、改變地形，更別提說底下有沒有斷層，以及外海等議題。

台灣整個是板塊擠壓擠上來的，台灣的斷層不斷的產生新的東西，它是隨時會發生的，沒有人敢保證現在沒有斷層的地方將來不會四分五裂，核電廠設立的最後，就是變成一個墳墓般的核電塚。現在能夠想到核廢的處理，大概只有三種方法：第一種，打到很深很深的地底下去，讓閻羅王去處理；第二種，用火箭打到外太空讓上帝去煩惱；第三種，全世界找看有哪幾個地方願意儲存核廢，需要多少錢，而且是安全的，但是我們要知道，所有這三種方法，最最麻煩的是運送的風險，核廢要運送是非常麻煩的，設了核電廠，等於埋鑄了一個無法處理的永世夢魘，那風險是加乘產生的，只為貪圖一時的發電？

為什麼台灣要發展核電？據我所了解，當時純脆是為了國安的理由，是為了製造原子彈，四、五十年前根本不缺電，製造原子彈的事被美國拆穿了，一切就停擺了。

我的反核歷程，現實上是生態環境上的調查和理解，當時所選的廠址，不是只有核四預定地，沿海總共有三十幾處，選在沿海，主要是要利用海水來降溫。當時我們傻傻的，不了解核電的可怕，還開玩笑說要去埔里找一塊地，因為將來全台核電一發展，沒有一個地方能住人了，後來才知道核災的可怕，即使逃到玉山頂，也一樣沒有活路。

簡單講，我個人的反核理念，是來自於我生態學的理論，以及我對生命的反思，這近乎是信仰型的，也就是自己的專業加上對生命很誠懇的面對，我覺得核電不只是從科技面，從人道精神、地球生界等全方位去思考，它都是一個惡靈，是一個不應該存在的東西。

科學是要思考很多深沉的東西，台灣只有學到科技，沒有學到科學，像現在的科學哲學四、五十年來的反思，沒有所謂「科學是中立的」神話，科學是軍事化的、是秘密化的、是政治化的、是男人化的、是霸道化的、是私有化的、是絕對殘忍化的，有善的科學，也有惡的科學，有許許多多讓你想像不到的。我們必須了解到人的所有觀念，包括道德觀念，是與時俱進的，反核電基本上是基於超越了世代的倫理與道德，也就是它（反核）在創造超越人類世代，還沒有存在的善良和道德。

人一直在製造自己的麻煩，一個人的一生，花最多的時間在處理自己所製造的麻煩，總體來講，科技愈來愈深沉，愈來愈複雜，為了製造像核能、核電、原子彈這樣的科技，政府不得不獨裁，我們深切了解到這些東西本身就是邪惡的，在製造的過程必然要付出相當的代價，而這些代價都是後代子孫在負擔，在這樣的理念之下，我們打從內心覺得這樣的核電是恐怖的東西。

幾十年前我們曾經思考過幾個人類的大災難源，一個是核能、核電跟核子武器，另一個是基因重組（基改），人超越了人的本份，替代上帝或撒旦在做一些很可怕的事，基因改造突破了幾十億年來演化的規律，還有電腦科技，將來也有可能演變成像魔鬼終結者在演的（大災難），這一類的科技必須非常審慎。像這種文化，以歐洲的反省能力最強，這就是為什麼西方在三、四十年前，因著人文、政治的迫害，產生了從亞里士多德、梭羅到甘地等的不服從主義、不合作主義，生態學上也產生了為保護生態的破壞行為 ecosabotage ，像有一些很殘忍的用動物來做慘不忍睹的試驗，環保人士、正義人士就要去破壞它，像地球第一（earth first）、綠色和平（green peace）…等很多的團體，它認為人類社會有很多的法令，甚至於國家最高的憲法，都沒有辦法去規範的，因此，奉道德跟宗教信仰的理由，為創造人類更大的善，它不得不違法，所以就產生了所謂的不服從、不合作主義。

有兩大類型，一個是公開的、非暴力的，就是所謂的不服從；一個是採取暴力的、故意犯罪的，這個就是 ecosabotage 生態不服從主義，但這一類又分成兩大類，一個是公開做的，一個是暗中做的，這是三十幾年前我們就有的一些基本概念，再加上我自己在整個山林的研究調查，這個時候，是我本身對整個土地、自然生界，漸次了解、理解、悟解到一種生死與共的感覺。

銜接土地的庇佑、山林的加持，也就是人地的情感，人跟生命的彼此息息相關的感受，整個是渾然一體。我不管到全世界任何地區都是同樣的感受，像他們找我去搶救雨林，到了印尼看到森林的砍伐，簡直是椎心之痛啊，我看到那些生命現象，它跟我本來就是同根生啊，在那樣的情況下，找我去的人反而害怕，不要找我這樣激進的人參與。回到原點，我只是一種同理心，以及跟地球生界長期的一種情感，甚至於是靈性上的相通，從這裡出發，可以發現人類所做所為，都有非常大反省的空間。在反核、廢核的運動裡，配合年青世代，將過往的一些精神透過這次的運動，做一個發揚跟傳承。

終結核四及清除台灣的核廢，也該到了世紀大反省的時機，不要忘了，我們今天還可以站在這裡談，還可以在這裡爭，只有一個最實在的理由，就是台灣還沒有發生恐怖的核災，一旦發生，什麼都不必談了，發生核災，台灣島就沒了。

問 目前在探討核災的議題，我們的呼籲大都是針對對核災已經有意識的人，我很擔心的是對核災這個議題沒有意識的人呢？如何去喚醒他們？

答 是啊，所以就必須透過苦行僧、菩薩道的方式，不斷去宣講，因為我們的政府不但沒有要好好保護我們這些生民百姓，它恰好是另外一個極端，這真的很可怕，所以青壯朋友就想到像以前林義雄前輩的苦行，不同的是，我們這回的苦行不是沈默的，我們要愈大聲愈好，讓大家告訴大家，但，希望大家在整個活動的過程千萬別動氣，面對這樣的不可思議的不公不義，稍微有血、有肉、有一點良知的人，難免會生氣，但對一般無知的民眾，或者是，台灣非常多的因素造成的順民的現象，如何喚醒他們，這真的是需要更大的愛、更大的關切、更多的同理心，無止盡的付出，套用宗教的語言，就是菩薩道的精神，就像一直在聞聲救苦的觀音，但人世間的苦實在是太龐大了，觀音做到實在是精疲力竭了，就在快要放棄的瞬間，祂變成千手千眼，這就是永不退轉的精神。就像華嚴經講的，以本願力盡未來際，恆無退轉。除了信仰力，再找不到別的方式了。

要達到這個地步，必須無得無失，連信仰這兩個字也沒有辦法描寫完整，也就是台灣話講的：歡喜做、甘願受！這說來容易，是否一般人都做得到呢，這很難的喔！要喚醒普羅大眾，理想上絕對不可以罵人、不可以怪人，所以就要透過我們自己本身身體力行，不斷地宣說。

再來就是要培養在地公民的自覺，所有的力量，要引發的就是自覺。接力行腳基本上是喚醒各地的公民自覺，簡言之，就是到處放火，讓它自行燃燒。沒有自力、自覺、自願，要靠著外力，絕對比不上人家撒一點錢、給一點糖，不可能成功的。藉著運動的過程，喚醒公民自覺，無怨無悔地走出來。

接力行腳包含幾大元素：時間、空間、主體場域、代代傳承、繼續創造、發揚光大。廢核實在是一種良知，真的是創造一種社會還沒有存在的善良跟新道德行徑，透過廢核，喚醒自覺，培養新的在地公民團體。

如果面對的是已經接受到宗教傳統千年教化的阿公、阿婆們，我會跟他們談了凡四訓、陰騭文、功過格等，在人類所有的行為裡，人不是只有一生一世，如果人沒有前世、今生、來世，以及世代的傳承跟發揚光大的考量，不管一輩子多麼的輝煌騰達，那樣的成就會有一點空虛感，靈魂會缺了一塊，人生的意義也好像不會那麼的完整，如果一輩子能夠做一點能讓後代子孫留念的事，這才是有一點點的功德！

再給阿婆們講個故事：漢朝時代有位仙人姓鍾名離，一般叫漢鍾離。唐朝有位一心求道、很想救渡世人的呂洞賓，有次遇見仙人鍾離，鍾離教他修行、煉丹。有一天，鍾離傳授他點鐵成金的法術，也就是拿他煉成的丹點在鐵上，那塊鐵就立即變成黃金（大約相當於現今的電鍍），有了黃金，呂洞賓即可到處救濟貧困的人們。

然而，呂洞賓問說：「鐵變成金以後，還會不會再變回鐵？」鍾離答說：「五百年後還是會恢復原來的鐵塊。」呂洞賓說：「那不是害了五百年後的人嗎？這種事我不幹！」鍾離說：「要修成仙，得積滿三千件功德，憑你這句話，算是修滿了啊！」

這是《了凡四訓》一書中，講述「半善滿善」的舉例。事實上，這個神話假借鍾離在試探呂洞賓的心態，用來說明誠心、正心、真心的義理，雖然呂洞賓終究沒有黃金可以救濟別人，但他的一份善念跨越五百年，已足以成仙矣！這是台灣人接受的價值觀。

今天可以站出來反核、廢核，為當代、後代子子孫孫消災免禍，功德勝過呂洞賓好幾萬倍，我們不必問結果，你已經是「一念萬年」矣！用阿公、阿婆的語言，幫助他們了解核災的可怕。

當然，在現實上我也很清楚，我們沒有很多的時間與精力，在整個過程裡，我們必須相信日本人所說的「百猴效應」，也就是在某一個地區，用最大的善良發出來的善念或善行，無形之中會影響到另一個從沒有接觸到的族群，進而產生一種世代的救贖，相當於宗教在談的願力、回向，無形地影響到另一個時空，導致到全面善念的覺醒，在做這些事的時候，我不是一種消極的隨緣盡份，做到老、做到死…，我還抱著更大的正念，相信百猴效應，相信一個地方、一群人的赤誠，精誠所至、金石為開，會影響到你從未接觸的一群人，從而產生了整體社會善的覺醒。這是我的信念！

問 會拍這個片子，是因為希望這個活動有一個紀錄，但日後，這個片子若完成一個紀錄片，希望它不只是讓人看到議題上的探討，我想請老師談談，害怕核能，是不是因為害怕失去？

答 害怕失去是一個角度，它是一種功能、功利、功用的思考，在我而言，我已經沒有什麼東西可以失去了，我並不害怕任何的失去，可是我知道，那是對整體人類的一個極大的傷害、是一個邪惡，是一個值得去挑戰、打擊和奮鬥的。我這一生如何的打拚，無功無德，只求做到一點：過去戰鬥、現在戰鬥、未來戰鬥、死後戰鬥。

從宇宙的道理上看，二分對立是存在的，人一旦起心動念就會產生，所以有得必有失，你談一方面、另一方面必然如影隨形，以台灣人的終極信仰，跟找到安身立命乃至於死後靈魂皈依的場所，是觀音佛祖。

什麼是觀音？我去研究、追溯，從自然野地到印度，對佛教、甚至所有宗教的緣起而言，觀音就是要起心動念，黎明前將亮未亮、將暗未暗，那瞬間到底要轉向那邊或這邊，或者是回歸原點，那個原點就叫觀音，那是無法形容的。音字就等同於宇宙的終極道理，要去觀見那個東西。對我而言，反核就是二分出來的邪惡的部分，我想要把它拉回原點，但講這個太抽象，一般人不容易理解，所有的立論裡，就是探討到剛提到的怕失去、怕毀滅，一般人比較容易聽得懂，我們只能透過這樣的方式去告訴大家。

我們把今年定位為「民國廢核元年」，我認為核四不可能運轉，大家也都心知肚明，一旦廢核成功了，我們也沒有任何的「功德」。不過，我可以確定的是，如果我們不做，我們會後悔一輩子，會覺得人生有一大缺憾，做了，保證可以讓我們活得更自在，更心安理得！睡覺時可以更香甜。

問 老師是生態環境的背景，對台灣這塊土地應該有很多的情感在，這個跟反核，應該有一些關連性？

答 整個是一致的。今年 3 月 5 日，我跟著 MIT 台灣誌的拍攝小組到中央山脈大縱走，走到最後一座百岳卑南主峰時，大家都好開心，主持人邀請每個人來講一句感言，我一生不曉得爬過多少山頭，從來沒有像這一次一樣，我這麼說：我有一個心願，過去幾十年來，我們好像一直在搶救山林大地、土地環境，直到最近幾年我才深切地了解，我們從來沒有在搶救山林，而是山林從來在搶救我們。我多麼希望，我們世世代代的子孫能夠跟我們一樣，還可以看到這一片天造地設的美景，但願天下人一起來捍衛我們這一片淨土，捍衛我們大好的山水。談完，我竟然老淚縱橫，趕緊躲到一旁，哭個不停，這是從來不曾有過的啊！

問 我自己的想像，老師所謂土地的環節、情感，應該都有一個具體的故事在，可能不只一個，我希望從這些點來結合到廢核這件事情上，老師可以談談嗎？

答 有些時候我會知道什麼叫做悲，悲者非心也，活著到底能追求什麼，但我不想用「夢裡明明有六趣，覺後空空無大千」來說，所有的生命過程都是真實的，如何在當下的每一個真實裡，還歸一點裸真赤誠，那是可以告訴你什麼是人活著的最大意義的時候。年歲愈大，因為身體的關係，意志力可能愈來愈薄弱，但是感情卻愈來愈豐富，卻是愈來愈不能表達。

我曾經在課堂裡說過，要號召癌症末期的病人，我們去當敢死隊，去當不公不義事件的人肉炸彈，做最後剩餘價值，相信絕對會有人站出來的，因為我們只想要付出！這是自覺性的，跟恐怖主義把小孩訓練成邪魔，是不一樣的。許多時候，善惡只在分毫之間，整個絕然對立。

記得二十年前，台大環工系的於幼華教授曾經邀請我去演講，他這麼介紹我：陳教授是台灣極其少數能夠結合人文跟科技的…。我很沒有禮貌地告訴他：對不起，你講錯了，我從來沒有結合，我只是沒有分割而已，這兩者天差地別。從整個西方，從大學教育的分工，這都是最近以來（十九世紀以後）的事，在這之前，從來都是一整體在談的。

看看希臘時代、科學始源時代，去看看印度、中國以及各地，原來從沒有細分，唯心、唯物，是西方科技興盛以後，愈來愈強化出來的東西，從山林土地到核電，到所有社會不公不義的弱勢運動抗爭，基本上我從不知道它們有什麼分別。

當然，在形式上、表面上、內容上、方法上，在種種語言的表達上，的確有很大的差別，但這個「mind 、heart」是一樣的，史記有一句話：仗義都是屠狗輩啊！我們每個人心中都有這個東西，只是成長的環境，也許遺傳因子的差別，有程度等第的差異，但一旦被喚醒後，我相信它是一種普世的價值跟普世的人性。從根源處，我只能告訴你：沒有分別。

問 老師對台灣的環境、生態都非常的熟悉，對這塊土地的情感，是否有比較深刻的，就像剛才爬百岳那樣的體驗、故事…？

答 這種故事講不完，我有一堂土地倫理的課，裡面都是這類的故事。最近在台中港路在搶救一棵大茄苳，那棵茄苳據我的估計大約是四百年，因為台灣低海拔不可能有超過五百年的大樹，這是我們學自然科學都很清楚的，但是大家都說那棵茄苳有一千多年，那是一種文學化、情感化的表達，就像李白的白髮三千丈，只是一種形容，代表它感情的溫度、熱切的程度，如此而已，所以我不會去糾正對方講錯了。

我們去搶救那一棵大茄苳時，訪問到一位老阿嬤，她是鄰長，她在幾十年前就在捍衛那個地方，那是她們成長的記憶，她多麼希望那環境不要蓋得亂七八糟，她跑去警察局求救，當時的警察用一種男性的沙文主義，說：妳一個婦道人家，管什麼閒事。把她趕回家，她哭著回來，環境就變化了。我請問她：你看到自己的家鄉、環境被摧毀了，有什麼感覺？她說：只想逃離！你知道她那一句話背後的整個情感嗎？

在調查台 21 線時，我量到一棵茄苳，一個歐巴桑騎著一部小綿羊機車經過，一直盯著我看，騎了百餘公尺後停下，轉回來找我，跟我聊了半天，你知道什麼原因嗎？台灣的茄苳就是水源的所在，茄苳可以長成大樹，通常往下一挖，活水源頭就噴出來了，那阿婆八十多歲了，在她年輕的時候，大約十幾歲，還沒有結婚前，都是在那一棵茄苳樹下洗衣服，有幾十年的感情了。人一生最充滿感情，想像力最豐富的青春歲月，有最大的期待、最浪漫的時代，卻一輩子沒有機會跟人分享的這一段，看到我在量這棵茄苳，跌死也無妨，一定要調頭來跟我聊聊。這一份情沒有表達出來，不甘願啊！

我要告訴大家的是，人將死的時候，不會想起他一輩子創造了多少豐功偉績，而是通常會想起他一輩子還沒有做的最有意義的事，她只是想分享這一份感情。

我曾訪問住阿里山的一位七十幾歲的歐巴桑柳桂枝女士，她在原始森林看到森林被日本人、國民黨整個的摧毀，雖然後來整個都種了外來種的柳杉，一樣是青翠的，我請問她：妳原來看到的原始杉林，跟現在的森林有什麼不同？她說：不一樣、不一樣、不一樣，現在看到的看起來「很齷齪」，以前從二萬坪上來，一路上的殼斗科等植物，是青令令，美不勝收，冬天時，滿山的台灣紅榨楓紅令令，那是…。她不會形容，但是我可以看出人跟自然的一種情操的展現。

我再問她：後來樹都砍掉了以後，你的感覺是如何？她突然有很大的收縮，我知道那裡面有好東西，再三鼓勵她再想想，大約三、五分鐘之後，突然間，她眼神一亮，彷彿天窗打開了，她說：有了、有了，那是一種「空虛」的感覺！那「空虛」兩個字出現時，我全身起了雞皮疙瘩。全球所有的哲學家，誰能形容這麼美妙的文字，去表達那麼精準的心裡的感受？

人地情感，是我們在進入唯物文明之後，在大家追求表相的東西之後，一再地被掩埋、被掩蓋，可是，我一生接觸的，到處都是這樣子的人，裸真赤誠的情感，但它在台灣，一直是屬於亞文化、次文化、隱性文化，因為外來強權的統治者不讓你有土地情感、自然情操，人地連結乃至於自覺意識，統統不讓它出來。因為除掉了這些東西，反抗的情懷幾乎就蕩然無存了。有了這些九死無悔的東西，是人類所有信仰的原點，也是人生在世行俠仗義，是非感等等，內在真正的動力啊！

始終實踐著無善之善、無德之德、無宗無教的無所求行、無功用行的台灣人，「饒益眾生而不望報，代一切眾生受諸煩惱，所做功德盡以施之」是其人格底蘊，但是為什麼在公共政策上，卻沒有辦法變成大公大義的訴求，只變成順民，這就是台灣被禁錮的靈魂。

廢核四百萬行腳也包括「找回這樣的原力」，看西方科技幻想片，原力產生的刀、劍，這是心的正義力量，從追求自己的盡善盡美，要進入到打開體制的不公不義，整個人類的世代的情懷、未來的希望，這個東西一定要激盪出來。

我從年輕世代們，一個個的起心動念之間，許多時候根本不需要語言，就激盪出來了，這就是佛陀在靈鳩山上的「捻花微笑」啊！瞬間，就流動出去了，不需張揚、不需言語。台灣本來就俱備這樣的靈動，靈性一直在傳播著，我相信在走的過程中，到每一個定點的宣說，讓各式各樣的議題進來發揮，像目前的公民運動，這個本來就很正常的事啊！這不是野火，而是內心善念的感染，基於此，再將這樣的原力推向全世界，感染到整個時空場域的傳承。

問 老師本身是北港人，小時候看到的環境跟現在有什麼不一樣？

答 北港的變遷，因為受到北港溪的限制，它是台灣發展最少的地帶之一，從我初中到現在，除了原來的房子稍微變高大些，變化不大。變化最大的，大概就是人的價值系統，人對一切事物看法的轉變。變有軟體的變跟硬體的變，我們通常只會講硬體的變，例如以前的農業社會跟現在的不同，我倒比較在乎的是內心價值系統的改變。

以我這一代來講，我覺得台灣有幾個重大的改變期，第一是退出聯合國。當時在國民黨統治的影響之下，台灣的民心已經產生了「我們跟中國是不共戴天」的觀念，退出聯合國我們就被孤立了，中共就要打過來了，一切都沒希望了。以前的台灣人克勤克儉，像那些計程車司機，大家辛苦累積，希望有一點未來，有一個房子可以居住，退出聯合國之後，大家變得今朝有酒今朝醉，放棄了安土重遷，放棄了原有的傳統文化的美德，在那個時候，有了一個涇渭分明的切割點。

第二個大變化是 1980 年代末的解嚴。接著阿扁當選，又一次的大解構，接下來的 2008，整個進入善惡拉鋸的最大較勁時空。這幾個時代變遷裡面，歸結一句話：台灣從戒嚴到解嚴，從解嚴到解放，從解放到解體，從解體到建構，目前正處於建構的時代，也就是公民意識整個的覺醒，這需要有文化深層的引導、激盪、回溯。

人類一開始做保育是為了怕失去，但做保育最終極的理由是：以後的生命只能來自現在的生命。地球上的生命、將來的生命，一定要源自現在的生命，不可能無中生有，地球 46 億年演化，某一個階段可以產生生命，後來就不能了，失掉了不可能再回來，這是為什麼要保育的終極理由！這就是生界跟無生界最大的差別。很多在做保育的，提供給世間的是功利主義的想法，很多是提不出真正內涵的。

關於老家的變遷，我是有很大的感觸，例如，小時候我們都很窮，晚上如果能夠吃一碗陽春麵，尤其是冬天冷颼颼的夜裡，陽春麵上面僅有的那一、兩片豬舌頭，吃起來是無比的香甜。以前的鄉下，什麼都沒得吃的年代，大家都會去抓非洲大蝸牛，洗過、炒盤，大人們就著一杯米酒，好像是品嚐著人間美味，孩提時代的我多麼羨慕啊！1990 到 2000 年代，我在搶救棲蘭森林時，常開車南下演講，有一回南下，在路邊看到一攤賣炒蝸牛肉的，一樣是配著老米酒，兒時的記憶就被勾起，哇！那不知道有多好吃啊！於是，我停靠了下來，叫了一盤炒蝸牛肉配上半杯的老米酒，一嚐，哇～夭壽否吃！趁老闆不注意時，偷偷倒給旁邊的狗吃，在那瞬間，我終於知道了，原來～最好吃的是記憶！原來～最好吃的是每一刻當下的情感！

小時候家附近有一個賣果汁的水果攤，雖然便宜但是我們很少去吃，因為大家都很窮，後來有機會去喝時，覺得很奇怪，我買了一杯果汁喝到一半時，老闆會把果汁機裡剩下的再倒給我，我問老闆：我不是只買一杯嗎？為什麼你還多給我半杯？老闆只回說：是你的，一分不能少！

斜對面有一家皮鞋店，有一回我太太的鞋後跟掉了，急忙跑去找鞋店的老先生：歐吉桑，我們很急，鞋跟壞了，沒鞋穿了，可不可以拜託您…。歐吉桑立刻放下手邊的工作，幫我們修鞋。鞋修好了，三十元，我太太說怎麼有這麼便宜的，給了歐吉桑五十元，說不用找。「不行！一定要找。」歐吉桑說：「不是我的，一分不得取！」

水果攤為什麼會變成「是你的一分不能少」？原來是因為大家都很窮，大人帶著小孩去買果汁，一不小心，就會把整杯都喝光了，小孩沒得喝就會哭，老闆為了讓小孩也有得喝，又不好意思說買一杯給兩杯，就只好在打果汁時多放一些，用這樣的方式，讓大人孩子都有得喝，這樣的習慣就這樣保留了下來。

我們老家的這些傳統，到現在並沒有改變。家附近的義民廟口是我小時候玩耍的領域之一。廟庭有對石獅子，其中一隻口中有粒石珠，另隻闕如。大家三不五時就將小手伸進獅口玩弄石珠。有天我問廟公，怎麼只有一隻石獅口中有珠？廟公說：「恁阿公像你這麼小的時候常在這邊玩，他想要拿出石珠子，就這樣滾啊滾的；恁老爸小時候，也如此這般玩弄著；現在，你不也這樣？有一天，你的小孩就會拿走它……」他用這樣來回答我，石珠是怎麼不見了的，當時有一種：歲月的痕跡怎麼就這樣流失了的感覺生起，那樣的感覺是很奇特的。

所有的德行、傳統跟正義也都會磨損，也需要隔代重新創造。有很多東西，台灣有的進展很快、有的進展很慢。像台北的生活有如聯合國，在台北生活跟在紐約生活，物質層面都差不多，差別是價值系統裡，某種人際的連結。我曾於北港溪畔，目睹 6、7 隻老鼠並排背對著溪水，長長尾巴甩入水中且瞬間揚起，還濺出些許水珠。是的，不用懷疑，老鼠集體在釣魚。當一條扁瘦的魚兒被拋空向岸後，老鼠群倏地圍啃魚隻。我以此故事，側面說明北港或鄉間的貧窮現象，連老鼠都「窮」到得自食其力，集體尾釣溪魚，而北港溪魚也餓昏頭，誤把鼠尾當佳餚！

台灣從日治時代到 40、50、60 年代，真的很淒慘，但也因為那個淒慘，導至台灣目前超過六十歲以上的那一代，是全世界最打拚的人，創造了台灣在全世界的成就地位，是了不起的一代，台灣民間的各行各業，到處可以看到生命力旺盛到有如熱帶雨林、雨後春筍般，好可惜的是，沒有一個清明的政治，沒有一個自己的國家，如果有一個真正的主體，台灣真的是不得了啊！

荷蘭時代 38 年，鄭成功 23 年，清朝 212 年，日治 50 年，國民黨 56 年，阿扁 8 年，阿馬 8 年，394 年之間換了 5、6 個政權，就像一個家庭，每隔 2、3 年換一個爸爸或媽媽，這樣成長的小孩叫台灣，今天要適應這一個價值系統，明天要適應另一種生活習慣，後天又要適應一個突然來的、完全不一樣的生活形態，台灣人要怎麼去找到他的主體和靈魂？這個若解決了，以台灣的條件，以台灣人的智能，不得了的。台灣小小一個寶島，所創造出來的奇跡，不管是經濟的、才能的…，連籃球隊都可以打敗中國，但是，大家可以思考一下，這樣子的成就，除了讓台灣人自豪以外，台灣人應該了解到這是奠基在兩大犧牲之上，第一、犧牲環境的永世、永續。第二、是盜取了子孫的未來財。

台灣人的了不起、智能、勤勞，台灣環境的損失，未來世代的未來財，才成就今天台灣在全世界一兩百個國家裡，面積排名最後，成就卻在前二十名內。

但是，台灣的污染，每單位面積二氧化碳的排放量，全世界第一名；台灣的工廠密度，全世界第一名，是美國的 68 倍，是日本的 20 幾倍；台灣的車輛密度，全世界第一名，平均分攤在全台灣面積，連玉山山頂都要放五、六部；台灣當量能量耗損量，全世界第一位；台灣可能遭受的災難，也是最恐怖的那一級，我們是在耗盡未來的內涵，成就現在。

現在的文明人，像台北、高雄、紐約…，每一個人平均耗損的能源物質，是三千倍於原始人的需求，換言之，把目前台灣所耗損的物資集中起來，每一個台灣人活著，相當於 2999 位原始人犧牲他們的所有，甚至當我們的僕人。如果按照永續的標準，今天台灣能夠自給的生產，差不多是用了台灣三十倍的面積，也就是說，我們今天所耗損的，是三十個台灣島的生產，所以除了我們向土地超限利用，向後代子孫搶來現在用，我們還向地球的南極到北極各地的資源挖來利用，才成就今天我們的奢侈浪費。我們今天吃高山上的高冷蔬菜，以高麗菜為例，每吃一顆高麗菜，要生產這顆高麗菜，台灣整體社會要付出的代價，幾十倍、幾百倍、甚至千倍的代價！

賀伯災變前，我們曾經計算過，阿里山茶農每賺一塊錢，台灣社會要付出 37～44 元的社會成本。我預測大災難要來臨了，1996 年發生賀伯災變、1999 年發生九二一大地震、桃芝、娜莉、象神颱風接連發生。從 1990 年之後，天公與土地公聯合起來向我們「討債」！全國人民付出龐大的犧牲，去養一點點的利益！世代公義、環境正義盪然無存。

梨山一帶的產業道路，近十年如火如荼地全面開發，大災難在中部地區將要發生。北部地區，整個蘭陽平原、北橫支線沿途的高冷地區，予取予求，供應十丈紅塵，這些代價不成比率，個人小小的一分享受，佔盡這份土地血水的便宜，但是，由全民負擔、後代負擔、第三世界人民負擔。

我一直強調合理開發有三個條件：

一、符合經濟成本的開發。

二、少數人獲利不能讓多數人受害。

三、這一代獲利，不能拖累下一代來承擔。

這是最基本的開發原則，另外一點，任何生產者要為他的產品負責到底，包括教育。現在的教育，教育出來愈成功的，消耗地球愈大能量，生產最大垃圾、製造最大危機、創造未來最大罪孽，這個叫做「成功」！這種知識是破碎的知、沒有方向感的知、不必負責任的知，只有強調「我們想做什麼」、「我們要做什麼」、「我們能做什麼」，而不去思考『我們該做什麼』、『我們不該做什麼』！我們的教育支離破碎，整個在鼓吹摧毀自己的所謂的成功，透過環境的反省、人文的追溯，「觀今宜鑒古、無古不成今」啊！還是要回到終極的原點。

無論我再怎麼思考，都無法用現在這些利益的觀點，去安頓我們可以活得自在，現在的政治兇得要死，透過假民主的民主暴力、投票暴力，豢養了一批盲從的人民，透過傳統的愚民教育，一直在奴役著這個地方，台灣要脫胎換骨，就讓我們從廢核四開始吧！

明天我們要舉行記者會，我最想講的是：所有站出來的反核、廢核者都是天使，都是人類的天使、台灣的天使、土地的天使，所有的共同發起人，都是我的導師，所有青壯一代，站在公義一方、發出正義力量的，都是我的領導者，我願意跟隨、追隨大家，這是天賦的責任，也期待所有青壯朋友一起來，小草雖小，擁有走過的每一寸土地，我們這一代終於邁向健康世代的公民。

各位鄉親朋友：

核能、核電、核災是世界上最最恐怖的惡靈災難，一旦發生了，就如台語所說的：有路無人行、有茨（厝）沒人住。你一輩子，甚至幾輩子所累積的任何成就，都會因為核災而化為烏有，整個台灣會變成枉死城，鄉親啊！反核是一種世代公義，我們這一代人，沒有資格跟權利為後代子孫製造麻煩跟危機，以及恐怖的災難。反核就是一種良知，反核就是一種世代正義，人民有拒絕恐懼的自由，人民要負起世代的責任，一個人一輩子裡面，如果沒有前世、今生、來世的思考，如果沒有一些作為是可以傳承，可以讓我們的後代子孫引以為榮、為傲，一種傳承心的善良和創造，如果我們沒有做這些，甚至於更糟糕的，我們沒有去阻止核能、核電，讓它變成怪獸，甚至變成將來的災難，那將是我們永遠的罪孽，請全國朋友們站出來，請記得十月十日，我們一起去貢寮，在核能第四廠前，共同發出我們的心聲，我們要走出子孫真正好的未來，別忘了，一生當中還有後代、還有未來，如果我們沒有做，人生的意義會缺一大塊，我們的心靈會不安穩，死後靈魂也無法回歸我們這一片土地，願所有的鄉親，為了良知、為了子孫們的未來，讓我們走出一個新的台灣，請記得，十月十日大家做伙來，做伙來貢寮，一起啟動「廢核四 百萬人接力行腳運動」，從貢寮的核四廠前開張，讓我們走出廢核民國元年，感恩！

11. 專訪陳月霞老師
(2013 年 8 月 28 日)

訪問者：鄭富聰；文字整理：吳學文、郭麗霞

陳月霞：

我從小在阿里山自然環境成長，等到後來去平地念書，才見識到所謂的文明。這對我而言是第一次的衝擊，我覺得人跟土地、自然應該是一體的，這會讓人活得怡然自得。長大後，我第一次對環境的震撼是看了一些影片，關於核爆之後，大地完全沒有一棵樹，只剩下塵土、機器，我覺得很恐怖，那不是人住的世界。等我成年以後，我在 1986 年四月做台灣的植物攝影，在高山上行走，感覺山中無歲月，下山之後才發現這個世界上發生很多事情，那一次發生蘇聯車諾比核災，就在那個時候，感受到核電廠爆炸對人類有這麼大的影響！

後來到東海大學上林俊義老師的課「科學哲學」，才真正了解核能問題的嚴重！當母親之後，在 1991

年毅然決然地走出來，參加第一次反核運動，那時候台灣的反對運動還處在極不平等狀況，我寫了一篇文章，用一個母親跟小學一年級孩子的對話方式，如何讓孩子了解核能電廠，為什麼它那麼恐怖？有一段很有趣：我女兒想跟我上街頭反核，我跟她講：「很危險！」

女兒說：「為什麼？」

我：「因為有人會用水柱沖我們。」

女兒：「那就叫警察過來。」

我：「警察是他們的人。」

女兒很生氣說：「那就叫政府來管警察。」

我：「這是政府要蓋的。」

女兒：「那，我們不要這個政府。」

我非常訝異，當時我們都還沒能力說我們不要政府。可是一個七、八歲的孩子就能很真誠地說出這樣的話。從 1991 年一直到現在，我都在做反核的運動，一直關注這個議題，直到去年 311 日本福島核災，好像核能電廠的問題才引起這麼多人的重視，好像大家才開始發現，它危及到我的家了、危及到我的生命了、危及到下一代的生命，大家開始站出來。可是大家只覺得危險卻不知道有多危險？我覺得這次十月十日反核行腳很重要的一件事情，就是讓更多人知道核能有多麼的危險！為什麼我們要走出來？依我個人的觀察政府的作為，我認為我們首先要做的是核廢料的處理，因為，台灣在走向全球化的過程中，我們趕上了核能電廠，但，在反核的立場上我們卻落後很多，反核就是核廢料的問題和核能電源的問題，特別是核廢料的問題，因為核能電廠出問題，可能只是區域性的問題，但核廢料的問題是全球性的問題，有人說把核廢料打到外太空，這又造成宇宙的問題。我認為沒有能力處理核廢料的國家、政府都沒有資格使用核能電源。

第二部分我要呼籲，在我們這次反核運動，我們要剷除專門在製造核廢料的元兇～台電，特別是最近電費又要漲價。我們為什麼要容許一個我們委托經營的店家，對於自己經營不善，因為他們的顢頇、浪費、怠惰、不善經營…他們把這些錯誤轉嫁在消費者身上，基於這些理由，我覺得應該廢除台電。至於台灣能源的問題，我們要特別地來討論怎樣來取代台電，讓台灣的電力是一個平民化的，而非獨攬的，我們對他無可奈何，他可以為所欲為的，甚至於製造核廢料還認為理所當然。

問 您以前住阿里山，當時與現在的環境有何不同？

陳月霞：

當然差很多，阿里山原來是以林業為主的地方，現在變成觀光事業，必須採用文明的素材，如電力，以前阿里山是自己發電，不用錢；水也是自己去山裡找，不用繳水費，現在引進自來水之後，就要繳錢了。另一個改變是一切都以經濟發展為主軸，因而不惜犧牲阿里山原始的資源、原貌，以討好觀光客，就看來的是什麼樣的觀光客，客源最多的就往那個方向去討好。所以今天的阿里山已經不是阿里山了，對我而言她已是面目前非了！

2002 年我們曾經跟政府建議，至少在沼平公園那裡設一個林業村，但沒想到 2013 年當沼平公園開放後，她完全是一個可怕的改變，不但沒有林業村而且倒退回去，去投觀光客所好，所以走在阿里山沒有阿里山的味道，這是令我感覺悲慘的事。

問 生活在阿里山，有什麼人、事、物讓您感動？

陳月霞：

很多，我最近在寫阿里山 100 年的歷史小說，我覺得一個地區的生命、文化，在地人不見得知道，我對阿里山的每一個地區都親自到過，非常熟悉那裡的每一個地方，甚至每一個角落、每一棵樹什麼時候要開花結果、哪裡有什麼動物…但我發現自己對阿里山並不了解！一直到 20 年前開始調查，我做了 20 年阿里山的歷史調查，才知道原來什麼是阿里山的精髓。我經常一個人在山裡的樹上坐著，面對著雲海看半天或整個晚上，看日出、月出，這個自然的氛圍、環境給我很大的修身養性的空間。但是，現在已經變了，人心沸騰，過去那種修養的功能不見了，山的靈氣已在毀滅當中。如果今天要在阿里山得到山的靈氣，就是要遠離人群。

在我小時候成長過程當中沒有玩具，我們的玩具就是花草樹木，我們會玩辦家家酒，用植物當碗盤，開店，所有的小朋友都玩在一起，我們就像一家人，所以了解、很關心彼此。誰是誰家的小孩、脾氣如何，都非常清楚。可是進入了觀光業之後，這些都盪然無存了，那些情感甚至家人間的情感已不復存在了，為了錢，大家都變成了競爭的對象。

小時候，我個人很喜歡在山裡面鑽來鑽去，我有好幾次就像武俠片一樣要去山裡找高人練武功，所以我常常一個人穿了鞋就衝進森林，而且不選一般人走的路，好幾次陷在林中，這是我個人成長過程中，與自然融合度相當高的時候。

問 我覺得這些故事跟廢核息息相關，您認為呢？我想，當核災一來，這些美好的東西就會立即消失…

陳月霞：

反核的過程當中，我們想到的是核電廠終極的爆炸問題、核廢料終極的處理問題。可是除了這些立即的恐怖事件之外，還有一個就是核電廠電源的方便性改變了人性、我們的作息、人與人之間的關係，特別是 3C 產品全都要仰賴電源，今天如果沒有了電源，3C 產品就停擺了。所以，這就是所有的人被餵養成 3C 產品的使用者之後，沒有「吃」這個東西時，就沒辦法活下去！因此，我們需要的電源就愈來愈多，另外，工業用電更是嚇人，仰賴核電這種現象，我認為這是一種殺人性的、殺人心的、殺人和人間的緊密關係的嚴重問題。

曾有人說過：「我們可以來實施一天停電的生活體驗。」很多人就發現：「停電的感覺原來這麼好！」一開始大家很恐懼，後來發現這樣反而可以回來做他自己，完全可以平靜地回到他自己的空間。所以，我覺得電源愈來愈多，對我們生活的品質如何？是值得再深思的。

問 這次廢核有許多年青人站出來，您的看法是？

陳月霞：

我不知道他們站出來是基於什麼？是我剛才說的那些理念嗎？或者是因為這次日本福島的核災，讓他們感到恐懼而挺身出來；還是這是他們要投注的一種社會關懷？我不了解，也就無法下評論。

但，我覺得年青人，如果能夠早一點跟環境議題接觸、認識，那會是他個人或他的下一代人很大的福氣。

（以下是陳月霞老師給大家的呼籲）

對於廢核這件事，有人支持、有人質疑，我想藉著這次的行腳活動，讓更多人了解核能電廠真正的危險，隱藏在內的問題，特別是核廢料的處理問題，我要再次呼籲：一個沒有能力處理核廢料的國家，沒有資格使用核能。因為核電廠爆炸是屬於區域性的問題，可是核廢料的處理是全球性的問題，甚至導致全宇宙的問題，作為宇宙生命的一份子，應該要了解、要非常清楚地去執行、思考這個問題，希望在這次行腳的過程當中，大家來互相討論、了解此事的嚴重性！

我覺得到目前為止，並不是每一個人對核能問題、核廢料的問題有那麼清楚與了解，希望在這次的行腳過程當中，我們可以到每一個鄉鎮、每一個地區，跟大家互相切磋、互相了解，真正的知道核能電廠對人類的影響。為什麼我要說：一個沒有能力處理核廢料的國家，沒有資格使用核能？因為，核廢料的處理是全球的問題，甚至是全宇宙的問題，我們都是宇宙生命的一份子，應該要了解更多這方面的議題，大家都可以站出來討論，不管你是有疑慮，或已經很清楚了，都請一起來思考、討論。

南國的陽光

2013 年 9 月 14 日下午，我前往高雄橋頭白屋藝術村，參加「廢核四百萬人接力行腳」的工作會議及座談。雖然絕大部分各不同齡層的朋友們素未見過面，整體而言，令我想起 2、30 年前的柴山公園運動或南方革命之類的記憶。

我一生不懂得諂媚，也不會言不由衷地去講些「騙來騙去」的表面話，更不願為了某種目的、動機去附和、做關係或虛偽。我只想誠實地說，南台的朋友真可愛，單純、善良地想要做好有益於社會、世代、環境的有意思的事情。那份純真很自然，我來到了人性最初的伊甸園。

朋友們的美感令我講不出什麼得體的話，因為語言已屬多餘。我只能在內心浮現各種自然的美景，或說，南台是最大善根的輸出國，更帶給台灣永不枯竭的愛心！

多餘地寫了這些字句，只是寫給將來的自己備忘而已。

這天參與的朋友：藍美雅、蔣耀賢、商毓芳、柯坤佑、謝銘仁、王勝弘、蘇偉碩、謝素貞、潘雪芬、歐昌宗、李橙安、葉哲岳、李依柔、朱毓萍、張芸慈、周凌箏、陳怡如、簡瑞鴻、朱姝錦、蕭雅中、洪于真、吳學文、郭麗霞……

13. 告白

(2013.9.15 會議備忘錄)

我們是凡人，生活中不時講些言不及義的話，還有許多情緒壞事的行動，但是，朋友們，我們心中清楚，核一、二、三、四及核廢永遠是惡靈，惡靈不滅，台灣人永遠不保平安！

我們有七情六慾貪、嗔、癡，我們存有許多盲點及偏見，我們多少也會算計與偏私，但是我必須告訴你，關於生態、環境的問題或議題，我已了然無私心、無雜念，能著力、能盡心的，我只求無愧於天地良心。

過去一段時日以來，無可否認，我聽到一些微不足道的人性雜音，套用「觀音法理」的反思方式，無非也是一面透視自己的明鏡。而我可以明確地告訴大家，個人近於完全無得無失，如果我還有一點點可被人利用的價值，我欣然接受一切！

關於核四、核電、核廢，以及「百萬人接力行腳」運動，我在 2013 年 8 月 29 日台北風雨中的記者會已然宣佈，我們五、六代同堂大反核，且將所有運動決策、規劃等，交棒於青、壯世代，我只期待先前二、三代無私付出的情操，可以傳承下去。往後，我只做些打雜暨理念、論述的工作，而且，我們還是該將重心擺在青年世代，以及「偏遠」地區公民團體的培育。

無可否認，核電政策徹底是政治事件，如今更隨政治鬥爭而一日數變，玩弄人民於股掌之間，「核癌」卻日益坐大。無論如何，我只列舉二、三個原則或現象與大家共勉：

1. 不論政治如何動盪、翻雲覆雨、豬羊變色，反核團體或個人只有一個目標，立即廢核電、清核廢，輻射殺手一日不除，運動一日不止。政治愈混亂，核電危機愈棘手，愈須儘速終結，運動更需加速擴大與增溫！
2. 環保或保育及一些弱勢運動，本質上就是先進的政治團體或政治行為，代表世代公義、生態中心的先端政團，是走在現實社會前端的未來性政體，必須具備堅實的智性能力、充分的社會及生界的正當性，以及超越的理想性，而且，最好是發自內在理念或信仰的真誠，而深富高度的反省能力。
3. 年來國家政局現象赤裸裸地表露當局一切以降中為矢志，完全不在乎國家、社會、人民、土地與世代，核電夥同民生種種問題大抵是賣台政客玩弄的工具或犧牲品。KMT 911 茶壺內鬥爭中，一堆政客的嘴臉，正足以讓涉世未深的青壯朋友看清楚其齷齪的內在，而無黨派之分。今有環保團體提出連署民間版核四公投的提案，我認為時機點不宜，而應將「廢核四百萬人接力行腳」運動做大，此運動要求「廢核電、清核廢」為主訴求，且在此運動中聯署百萬人簽具完整資料，則進、退皆可揮灑自如，而不必受「公投」所囿限（包括可罷免、創制、投入選戰等等）。

關於一些細節，條列如下：

1. 接力行腳的中央隊伍請儘速提出完整計畫、工作、人員配置、經費預算，且製作標語、旗幟、各式布條、各類器材等等所有設備，訂出發放、領取、場合使用種種辦法。請余家軍儘速以書面提出。
2. 拜請地區各站或地區團體配合事項、具體內容，亟須儘早訂出，交予地區負責人、團體，並隨時連繫、調整、相互支援。
3. 地區工作宜視同一場「萬年選戰」去規劃。
4. 多線分進、合擊。
5. 我個人會在 11 月底、12 月投入地區行腳。
6. ……

14. 2013.9.28 民進黨 27 週年黨慶致辭—廢四核、清核廢

感恩台灣這片天地、眾神！

主席、前輩、先進、現場鄉親大家好！

恭禧、祝福民進黨成立 27 週年黨慶。好佳哉，27 年來有民進黨，台灣才有今日的民主成果，感謝！

我有 99 點給民進黨的建議，為什麼是 99 點，因為隨時可以加 1 點，因為只要一口氣還在，就永遠還有改進的空間，所以才叫做「民主進步黨」。

由於今天的主題在反核，我只說一點建言：希望民進黨在新的一年內，從各行、各業、各界、各地，找進來 300-500 位智庫人才及執行者，找回並開創創黨以來的理想性、社會的正當性與未來性，以及世界性的格局。後藤新平的名言，所有公共事務最重要的三件事，第一是人；第二是人；第三也是人。

鄉親朋友啊，以下數據或資訊大家知道嗎？

1. 核四如果肇災，有可能 3 萬人急性死亡、7 百萬人因癌症等折磨數年後死亡？而且，依據《核子損害賠償

法》第 24 條，最高賠償限額是 42 億元，也就是說，台灣核電廠若發生大災變，台電賠償給每位災民大約 60-182 元，正是台語講的：死沒賠吔！

2. 迄今年 7 月，存放在核電廠的高階核廢料達到 16,455 束，它們的輻射劑量比 23 萬顆廣島原子彈還要多，平均每 1 百個台灣人可以分到 1 顆原子彈抱著燒。人在高階核廢料旁，大約 20 秒到 2 分鐘就死亡。
3. 高階核廢料等，迄今全世界都無法處理，它的半衰期超過 2 萬年。台灣華人 4 百年開發史大約 12、13 代，高階核廢的半衰期超過 666 代，也就是說 666 代人以後，它們的劇毒傷害量剩下一半，1,332 代之後剩 4 分之 1。這是什麼意思？也就是台語說的，ㄍㄛ ㄇㄛ 絕種！
4. 低階核廢料數量龐多（例如 1983 年有 11,814 桶），後來改成燒卻減容，至去年減為 178 桶。依據日本的試驗，焚燒後有 6 成的輻射物質逃逸到大氣中。

   低階核廢料貯存最有名的地方即蘭嶼。民間測量環境輻射劑量，台北是東京的 2.8-6 倍，而且是自然輻射背景值的 2.8-10 倍；高雄是東京的 3.8 倍，而且是自然輻射背景值的 3.8-6.3 倍。值得注意的是，台灣十大死因之中，癌症連續 31 年蟬聯冠軍，平均 1 百人有 28 人死於癌症，而蘭嶼癌死率居全國之冠。又，與輻射汙染相關的甲狀腺癌，佔蘭嶼癌症的第七名。台諺說「咬柑仔吔」，就是說犧牲品，怎麼死的都不知啊！

5. 台灣核電廠發電量平均每年約 4 百億度，佔總發電量 10.2%（台電說 16-20%）。尖峰用電時段，備用容量高達 23.4%；離峰用電時刻，備用容量高達 50 % 以上。也就是說，核電廠全部不發電，台灣也不缺電！而且，龐多可節省用電的方法，例如光是全國約 157 萬盞路燈，若改成 LED，一年可節省約 6.89 億度。電力無法儲存，台電寧願將多餘的電力用來抽水上來，例如明潭抽蓄工程，造成「抽水為了發電，發電為了抽水」的弔詭。

6. ……

鄉親朋友啊，無論從經建、能源、永續發展、全方位任何角度考量，台灣幾乎完全沒有「玩核」的條件。早期專制時代，台灣是為了製造原子彈而設核電，如今是不是為貪污而堅持核電，不得而知，無論如何，絕對不是為了便宜的電價，因為，若將終結核廢的成本算進去，核電是天價，何況我們這一代人不能債留子孫，我們更不該決定世世代代悲慘的命運！這是世代公義的大議題。

我們今天還可以站在這裏說反核，最實在的理由是 3、40 年來我們一直都很幸運，台灣尚未爆發無可挽救的核災，否則一切都屬多餘。

這幾年來，特別是今年，當局赤裸裸地以投降中國為第一優先，完全不在乎國計民生、世世代代、土地生界，從大埔事件、軍中虐殺、服貿暗盤、水土保持法自廢武功、環評及區域計畫法大鬆綁、核四公投搖擺不定、人民所得倒退嚕，到 9 月政治大鬥爭，徹徹底底地否定主流民意與良知，復辟實質的專制與霸道，充分地反映歷來統治的八字箴言：事看誰辦，法看誰犯！我現在如果聽到「大是大非」這四個字都想吐！大家還記得吧，白海豚會轉彎；日本福島輻射外洩之後，大半個地球都測得到輻射量，只有台灣測不出，輻射物質碰到台灣也會轉彎！莫怪民間都在流傳一個笑話，台灣的總統、副總統現在都姓「白」！如今，全國都已經達成「九二」共識了，他們還在否戲拖棚、死豬鎮砧。

「當專制是事實，革命就是義務！」然而，為了社會的安定，我們還是希望採取寧靜革命，循法治改革。因此，我們發起《廢核四百萬人環島接力行腳》運動，將從 10 月 10 日由貢寮開走，我們要進行「廢四核、清核廢、罷免總統、副總統」的大連署。

最近七年來我都在研究台灣的傳統宗教。在宗教哲學的部分，台灣人有兩大類型，一種是拜福、祿、壽三仙的「他力主義」；相對的，另一種是自己追求覺悟的「自力聖道」。

覺悟型的，我舉二間廟的二副對聯來說明：

「誠心敬吾，無拜無妨；
行為不正，百拜無用！」

「若不回頭，誰為你救苦救難；
如能轉念，何須我大慈大悲 ?!」

也就是說自覺吧！你拜要死啊 ?! 核災若發生，再求什麼神也沒路用啊！但願天下人一齊為千秋萬世積點德，站出來廢核吧！感恩！

叁

行腳啟程

15. 10月10日廢核接力行腳啟程各家致辭文稿（部分）

1. 陳錫南（宜蘭人文基金會董事長）

在座各位朋友平安、大家好，我是宜蘭人文基金會陳錫南，自從得了帕金森氏症，已經17年了，這一段時間我非常辛苦在反核，無眠無日在上網、查資料，我們團隊所準備的資料，是非常的齊全的。我們對原能會所提出來的數據都非常的認同，有人問我為什麼要反核？因為：我是台灣人，出生在這一塊土地，也在此地成長，不是像馬英九出生在香港，我是本地人，有責任保護這塊土地，無論我賺多少錢，或者我多貧窮、多困苦，我都以這塊土地為第一優先，這個土地若發生核災，經濟、百姓都是第二個層次，這塊土地若發生核災，不管是核能電廠的原子爐發生問題，或者是燃料棒取出的過程，那個的動作太危險了，（日本）福島管制區的情況，裡面很暗，好比是一座殯儀館，非常恐怖且狹隘的地方，竟然我們的核廢料要取出要三年的時間，我曾提出十幾條問題去問，台灣現在最嚴重的是核一廠，現在我用視訊電話請陳謨星教授來跟大家說明：

大家願意站出來保護自己的生命，站出來對抗一個講假話的政府，我可以告訴大家，核能、核電是最貴最貴的發電，台灣電力公司做假帳，把核能的價錢至少少算了一半，台電 30 年來，在核能發電上向大家說謊的錢，至少在一兆台幣以上，我希望你們應該組織起來追查核能發電的真相，如果核能發電是最貴的，台灣根本就沒有需要用核能發電，核能發電給台灣帶來的就是一顆不定時的炸彈，至於全世界對核廢料、核能廢廠的處理辦法，根本完全沒有，因此科學家認為這是永遠沒有辦法解決的問題。

台灣這麼小的地方，地震這麼頻繁，這麼多的核廢料在台灣，台電根本沒有辦法處理他們，台電用的辦法就是不斷堆積核廢料，一旦發生問題的時候，馬英九已經不在了，所以，我認為台灣的老百姓應該組織起來，在全島把這件事情告訴所有的老百姓。你們今天在這裡，應該向馬英九政府提出最後的警告，他們的謊話講得太多，希望你們能夠從法律途徑來處置這批曾經講謊話的人，謝謝大家！

2. 傳道法師（台南市永康區妙心寺住持）

請問大家，是災難發生了再來救難，或者我們要預防災難的發生？有很多的先覺提出，災難發生了是無法可以解決的，像美國三哩島、蘇聯的車諾比，車諾比剛發生的時候，傳說有三百公里的範圍，十年前又傳說是六百公里，請問各位鄉親，台灣頭到台灣尾幾百公里？不到四百公里的範圍，核災發生了，要往哪逃？政府有萬全的準備，我們不用煩惱，有辦法的人，都準備了綠卡，隨時可以逃到外國去，可是我們在地的人就沒辦法了，所以，我會繼續反核。

76 年解嚴，79 年底我到彰化去演講，在好幾千人的演講會場，有人說：這位師父這麼敢講，不知道會不會被抓去？有人說：不會的，這位師父不怕人抓，所以不會被抓。問的人又說：師父不怕被抓，我們這些聽的人不知道會不會被抓？

可見我們台灣人長期活在白色恐怖、虐待之下，我們心存恐懼，外表已經解嚴，內心還是在戒嚴中，請不要擔心、害怕，借用林俊義博士的一句話，當時有傳說，核一、二、三廠已經比較安全了，有專車要接他前往視查，讓他「從此不用再說話了」。當時有人警告他，不可搭「他們」的專車。他回說：感謝大家的關心，我現在還能喘氣、還能講話。有人打聽了我在台南妙心寺的作息，放話說：要放火燒妙心寺，要剁斷我的後腳筋，讓我否活又否死（求生不得、求死不能），沒關係，我現在也還能說話，還從台南來到這裡（貢寮核四廠），希望大家為台灣這塊土地，為子子孫孫，不要債留子孫，不要留業在台灣，希望我們的子子孫孫可以有永續的經營，有幸福的生活，感謝各位。

3. 梁文韜（成大教授）

昨天北上時遇到很多的朋友，我希望廢核的路上我們更團結，儘快停掉核四，我們呼籲立法委員，不要再蒙敝你的良心了，不要再閉上眼睛說：我們的核四沒有問題，我們的核四很安全。想想看，核四有多少的弊案，多少的保特瓶在圍阻體裡，呼籲睜眼說瞎話的立法委員們，不要再綁架我們了，希望大家一起要求他們從凍核到漸漸的反核，不管是什麼原因，你必須尊重台灣大多數人民的權益，福島核災的輻射明年就飄到美國西岸了，我們卻一直說核災沒有影響，大家都很清楚，我們這邊的檢測非常的散慢、非常的鬆懈，我們每天在吃的魚已經有一大堆污染了，希望全台灣的人民能夠更團結，不管是政治的、非政治的，這都是大家共同的訴求，這不只是一個議題，這是攸關大家的人生課題，希望今天大家站出來了，繼續努力找更多的朋友來參與，讓它繼續更大更大的發展下去。感謝大家。

4. 呂秀蓮（前副總統）

各位台灣國的主人、反核的前輩、後進、希望美麗寶島成為非核家園所有的好朋友：

剛剛陳玉峯教授及前面演講的人，已經跟大家說明「我們為什麼要反核？」其實大家會來這裡，都是對這個議題很清楚了，所以我就不需再陳述，反而我們要進一步檢討、思考的是，30 幾年走的路，要在最短的三個月內或設定多久的時間內，絕對要達成的目標。

過去國民黨非常反對公投，這次馬英九會宣布要全國公投來討論核四廠，我們要感謝以「鹽寮反核自救會」為主，聯合新北市許多人，所以我們的環保運動裡面，第一次從日本 311 核爆兩週年，就是今年的 3 月 11 日下午 13:45，我們正式代表新北市，提出 51,353 份「公投聯署書」正式成案。所以馬英九非面對核四不可，過去他閃閃躲躲、不認真面對，如果我們繼續這樣做，他要跟我們鬥法，所以就轉為宣布全國公投，意思是叫金門、馬祖，以及其他沒有感受到核電廠威脅的地區，來決定尤其是鹽寮附近 50 公里的居民的生命財產權。他用全國公投來模糊焦點，希望全國公投不成功，讓核四繼續進行。

為什麼新北市這次可以做到 30 幾年來第一次成案？我是學法律的，所以一定要從法律下手，新北市花了一年多的時間，才讓新北市議會通過「新北市公民投票自治條例」，去年 (2012 年)8 月 8 日取得法源，接著立即展開公投聯署。當新北市正式完成提案後，馬政府非常的驚慌，才會宣布全國公投。這個時候感動了宜蘭，所以很快的宜蘭也完成正式提案。我們沒有敲鑼打鼓，因為我在推動新北市提案的時候，已經花了非常多的錢，還要做宣傳、動員，所以已經沒有錢去做廣告，我親自一個里長、一個里長去拜訪，請里長們把鄰長請過來，幫忙聯署的。因為基隆還沒通過公投法，希望今天在座的各位，共同來逼迫基隆議會趕快通過。

我剛剛問了一位議員，他說送案都被打回票。我們應該集中力量，讓基隆也通過公投法。現在三個縣市已經通過了，就證明在 50 公里逃命圈內，三個縣市都有反核四的公投提案。今天早上我在立法院也參加反核運動，我提出三部曲：

第一部

要馬英九下台；希望我們的行腳隊伍能繼續宣傳，做為一個重要的指標。因為蔣經國宣佈過暫停核四；陳水扁也宣佈停核四，總統就有權力一個人講話就好了，不要再讓我們勞師動眾 30 幾年。馬英九背叛了蔣經國嘛！所以我們要繼續喊「馬英九下台」。要馬英九下台，一點都不困難，整個世界上民主國家，民調最低的總統是蘇聯的葉爾欽 8%，馬英九 9.2%，我們再加把勁讓他掉到 8%，他就非下台不可！

第二部

明天民進黨在立法院將提出倒閣案，其實江宜樺早就該下台了。如果倒閣不成功，江宜樺仍坐在行政院長的位置的話，他起碼也要承諾宣佈廢核四才行，因為，行政院長就有權力，像 2000 年的時候，行政院長張俊雄宣佈停核四一樣，我們要把壓力給江宜樺。如果倒閣成功江下台，新的閣揆我們希望立法院要他承諾停建核四，否則拒絕審查。所以第二部要把壓力放在行政院長身上。

第三部

這樣還不夠，希望大家行腳回來辛苦之後，與其讓全國民眾出動來公投決定核四，不如共同來推動：只要核電廠50公里逃命圈範圍內的公民，有優先表決權，我們不要核電廠由全國來公投，只要決定核電廠是否興建、是否要放燃料棒、是否要運轉，都要取決於50公里生死命運共同的逃命圈內的公民來做公投的決定就好。

以上三點供我們非核家園的同好、先進，作為我們共同努力的指標。我們已經走了30多年了，喊了30幾年了，剛剛陳玉峯教授也幾乎聲淚俱下，我們可以想像在地的居民熬過30幾年的漫漫長夜。如果不幸燃料棒放進去的話，真的就日夜無法成眠了，我們都要一起來煩惱沒有辦法解決的問題。所以我們離關掉它已經不遠了，如果以上三個步驟大家可以同心齊力配合的話，應該在明年之內希望達到效果，我願意跟大家一起努力！謝謝！

5. 黃昆輝先生（台聯黨主席）

吳文樟先生、陳錫南董事長、在座反核發動停建核四所有在場的好朋友、先進，大家好：

有關核四為什麼要停建、為什麼要廢核？今天現場的學者、專家已經講得很清楚了，時間的關係我就不再重述。我要說的重點是：

民主國家的政府，最優先、最基本的公民角色，就是保護老百姓的生命、財產安全。不能保護台灣人民生命、財產安全的政府，就應該把他推翻，對不對？（眾答：「對！」）核四對台灣人民所構成的威脅，非常的明顯，政府應該主動來消除這個威脅，但現今的政府不但沒有這樣做，而且在高度民意要停建核四時，一個 9% 的總統要壓制全民停建核四的這款局勢、這款總統，要把他請下台好嗎？（眾答：「好！」）

16. 《廢核四百萬人接力行腳》啟程致辭

感恩台灣、貢寮這片天地眾神：

現場鄉親序大先進，所有關心環境、生界的朋友，大家好！大家平安！

大家今天會來這裏，就是要見證這個時代還沒有黑暗到只剩下魔鬼在張牙舞爪！不管是貢寮在地鄉親，或是全國各地來的熱心的朋友，大家的血脈中，都流動著世代公義及永世人權的主張與責任。大家不是來湊熱鬧，而是大家忍太久了，三十幾年的願望，想要為我們的母親母土和子子孫孫盡點基本的義務罷了，就像咱貢仔寮自救會貴英姊說的：什麼動物都懂得保護牠們的下一代，身為萬物之靈人類的我們，為什麼不能捍衛我們的子子孫孫？更不要說去殘害世代的未來！站出來吧！出來做一件可以向後世交代，最要緊的事誌吧！

選擇這個地點當作出發點，就是要向歷史、向祖先、向子孫、向生界宣誓，這個時空點，就是台灣良知、慈悲、智慧與正義的神聖里程碑！套用宗教學的意涵，所謂神聖

2013 年 10 月 10 日廢核行腳運動由新北市貢寮區核四廠前啟程，在核四外欄杆上張掛旗幟及布幕為背景。

來自全國各地以及貢寮在地反核人士就座後，開壇誓師(2013.10.10；核四廠前)。

時空，意即人在宇宙的出發點，靈魂的來處與歸依的原點。有了這座標原點，人生才有終極的意義、安定與依歸，從而締造聖與俗的分野，取得宇宙中，人的身分證與認同的原籍。在個人的範疇，最重要的神聖時空即生日與出生地。貢寮自今天起，就是台灣環境運動的神聖空間；而今年，就是民國廢核元年！

33 年前我在這裏調查核四廠預定地，登錄了數百種植物學名，區分了幾十個植物社會，台電委託這個計畫的結果是，全數剷除之，好像我去登錄千千萬萬死刑犯的姓名、家族、社會，然後，交由台電集體屠殺，然後，他們要迎接惡魔來統治台灣！

東北角同鄉聯誼會等鄉親匯聚(2013.10.10；核四廠前)。

33 年前(1980 年)台電開始徵收貢寮的土地；1988 年 3 月 7 日貢寮成立反核自救會。

貢寮人 2、30 年來反核的過程，打死不退的辛酸誰人瞭解？貴英姊說：

「我們沒錢、沒人、沒知識、沒背景、沒資源，我們在家鄉使盡吃奶力氣，才能找出一個人願意參加陳情抗議；找個人，光是電話費得花多少 ?! 先生同意出來了，太太反對；太太答允了，先生杯葛；夫妻都 OK 了，父母阻撓；全家都通過了，小孩要上學、田地要除草、生計要照顧……九彎十八拐都繞轉過來了，又得自掏腰包僱請遊覽車、付便當費用。然後，到了衙門、公廳，高高在上的官僚、權貴，輕鬆一句：『你們的證據在那裡？』他們永遠有一大票唬人的專家撐腰。我們被噓、被罵了一頓，灰頭土臉、又疲又累地回來！

1989、1990 年間，為阻止八年預算案闖關，我們去立法院抗議，立法院前門封鎖，會長帶我們從邊門衝進去，鎮暴警察則推拒過來。由於我車禍骨碎後尚未痊癒，我怕自救會員被推擠倒退時，我會被壓在人堆中爬不起來，因而我喚吳玉華，陪我登上我們停佇在旁側的貨車箱。不料霹靂小組蜂湧而至，亂棍齊飛，棍棍打劈在我身上，當下腦海一陣旋暈，我感覺我的腰只(註：腎臟)大概破了了，心想這一生只能吃到這天而已！直到今天，我已屆 70 歲了，還不時陣陣作痛……」

當時，由於吳玉華在車上較內側，鎮暴警棍無法揮打到

台北影劇藝文界代表黃黎明小姐、王小棣導演、鐵蛋編劇等(2013.10.10；核四廠前)。

鹽寮反核自救會現任會長吳文樟致辭(2013.10.10；核四廠前)。

來自高雄岡山的吳學文先生、郭麗霞女士及其兒子吳忌先生(2013.10.10；核四廠前)。

台南永康妙心寺傳道法師呼籲終止核四，歸還慈悲、智慧(2013.10.10；核四廠前)。

環保聯盟會長林文印致辭(2013.10.10；核四廠前)。

主婦聯盟陳曼麗致辭(2013.10.10；核四廠前)。

中研院黃銘崇副研究員發言(2013.8.29；台北市)。

宜蘭人文基金會董事長陳錫南致辭(2013.10.10；核四廠前)。

陳玉峯啟程致辭(2013.10.10；核四廠前；黃勵爵 攝)。

呂前副總統秀蓮致辭(2013.10.10；核四廠前)。

台聯黃昆輝主席致辭(2013.10.10；核四廠前)。

民進黨蔡前主席到場致意(2013.10.10；核四廠前)。

她身上，年輕的警丁改用直戳，棍端穿經貨車欄杆，戳得吳玉華的雙腳紅腫瘀青，幾個部位還腫脹成小氣球般。靦腆的吳玉華女士說：「那霹靂小組足夭壽，猛打直戳，什麼深仇大恨也不過如此。直到我們的人回頭，強闖推開施暴警力，總算幫我們解危。後來，我們相互扶持，到台大醫院就診……」

我問她們，當下心情如何？

「心情足否吔！那些年輕警察也不知世事，只是聽命行事啊！但以後自救會一有召喚，我們照樣出來，再接再厲。有時臨時通知明天上陣，今天我們就拚命去找人……」

「這種打死不退的精神緣何而來？」我追問。

「我袂不知！(我也不知道！)」吳玉華笑笑地答。

「**就是做人的基本責任與義務吧！**」楊貴英說。

就在這段 1989、1990 年代期間，可謂貢寮反核四的鼎盛時代。

「熾熱時期，我們一週上台北 3、4 次，逼得一些查某人暝時回到家趕著綁粽子，隔天清晨蒸一蒸，再上台北抗戰…」

「澳底反核四高潮的年代，有次，整個澳底街頭巷尾大罷市，近乎全數拉下鐵門，家家戶戶張貼告示單……」

相對的，台電、政府如何對付貢寮人？台電宣稱已經回饋地方 33 億元，地方反應良好！種種討好、賄賂、分化、挑撥、造謠，排山倒海。貴英姊說：

民進黨施前主席明德陪著行腳隊伍前行(2013.10.10；核四廠前)。

高雄楠弘貿易公司蘇董事長振輝行腳(2013.10.10；往福隆)。

廢核行腳總發起或召集人陳玉峯(2013.10.10；往福隆)。

台中來的王星卯及李美齡伉儷(2013.10.10；往福隆)。

「他們說核四廠帶給地方太多恩德，既然是德政，他們何必回饋？何必費盡心思討好？地方一些公共設施明明都好端端的，為什麼得打掉、重鋪？他們對公所、行政系統、地方建設大手筆挹注，他們對宗教團體……，什麼遊覽、營養午餐、獎助學金、意外死亡、清寒扶助、電費……林林總總的項目灑下天羅地網。

再多的討好、回饋，能不能減輕輻射劑量？再好的敦親睦鄰能不能降低風險？我拒絕他們的電費補助；我媽往生時，他們不請自來，我將祭品、奠儀退還給他們。他們穿梭大街小巷，隨時隨地在表達他們的『善意』。問題是真相、真理應該只有一個，還有第二個必然是偏理！我既然反對建廠，我當然拒絕回饋！……」這就是貢寮人代表性精神之一啊！

貴英姊也強調：「已經花了近三千億元，也快蓋好了，所以我們就得接受核四廠？你叫小孩去買汽水，他誤買了一瓶農藥回來，你也要喝下去嗎？錯誤的政策就得縮手啊，你不該一錯再錯吧！」

1991 年 10 月 3 日發生「 1003 事件」，這件 22 年前的悲劇，讓貢寮陷入白色恐怖的統治。這一段黯淡的情節，我不想再講，請大家逕自看文章。

2、30 年來，台灣在資訊絕對不對等的暴力下，鳥籠公投是何等的詭計？

貴英姊說：「規劃興建核四本來就是黑箱作業，行政程序、通過環評的流程，也只經過一、二個地區單位，續建與否，你該回頭由原單位處理，而不是不負責任地丟給全國。我們固然感謝外來環團對貢寮的啟蒙與協助，但你不能將貢寮的生死命題交付全民公投，而成不成你不在乎！」貴英姊對特定的環保人士，以及政治人物頗有微詞，她引述了一些歷來的政客，或環保人士的刻薄對話或主張，我不必在此引述。

「何謂公平、正義？全國公民竟然在資訊絕對不對等的狀況下，可以決定貢寮人的生死、存廢，則公投揭曉且贊成續建，試問贊同續建的比例最高的地區，是否必須接受核廢料存放在你們那裏？權利與責任總得並存吧?!這是相對論嘛！如此才公平。而且，至少你得在全國各地區實施無預警的演習，讓人民檢視你有無能力處理危機災變。安全得宜，你才進行公投啊！豬仔摔死了，才講價格，怎麼說都不合理、不公平吧！」貴英姊如是說。

吳玉華女士嚅嚅地表示：「我到中、南部去，他們都不知道核四問題；鄉下人問我：『啥是核四廠？』我們該怎麼辦？政府硬要把核四存廢，交由絕大部分這樣的人投票嗎？」

吳文樟認為：「中南部人可能誤認為核四事不關己，反正很遙遠，加上擁核者透過舖天蓋地的愚民伎倆，人民多半不會出來投票，一旦舉行全國公投，怎可能衝破鳥籠公投法天高的門檻？而且，國民黨提出的核四公投題目，幾個百姓看得懂？題目霧煞煞，也不知在講什麼碗糕？……」的確，莫說不識字的農工，我自己也得增加眼

熱心民眾自製招魂幡旗，期能喚醒良知(2013.10.10；往福隆)。

一步一腳印之間，充滿善念的回向，但願早日促成「百猴效應」啊！
(2013.10.10；往福隆)。

以魔警世(2013.10.10；福隆海灘)。

海灘整隊，邁向福隆站
(2013.10.10；福隆海灘)。

行腳抵海濱灘地，遙望核四廠為其念禱！(2013.10.10；往福隆)。

海灘整隊，邁向福隆站(2013.10.10；福隆海灘)。

王小棣導演(2013.10.10；福隆海灘)。

鏡度數，才勉強理解設計題目者的文字障、詐騙術，唉，心術不正的人總是不斷地踐踏語言、文字啊！

「要嘛，你修改公投法，改為『多數決』，無論如何，不該搞出一個連反核人士也看不懂該投同意或不同意的題目。」

簡定英強調：「訊息、資訊不對等啊！絕大多數人民根本不明究裏！政府必須明白告知核廢無能處置，國際公約也不讓核廢境外處理。如果不是三哩島、前蘇聯，我根本不知道核電的可怕。這是危害子孫久久遠遠的，台灣就這麼小，核災必然影響每一個人；**外來政權沒把你消滅的，核電會將你終結啊！**」

福隆站行腳者發表心聲，圖為高雄藍美雅老師(2013.10.10)。

2013 年 10 月 10 日下午，行腳團抵達頭城，由鎮民代表蔡財丁先生(左)接待(頭城火車站)。

2013 年 10 月 10 日晚上，於頭城慶元宮(媽祖廟)前舉行廢核演講晚會。

2013 年 10 月 11 日上午，行腳隊伍於宜蘭火車站前，會集宜蘭縣長林聰賢、各地區民代、反核人士，宣誓捍衛鄉土、國土之後，繞境宣導。

「甘願日本那兩顆原子彈擲在台灣，至少我們還有機會重生，就是不要國民黨來台灣設置核電廠啊！國民黨你該去日本啊！你來台灣，台灣人無法度翻身啊！一次 228 及白色恐怖，鎮壓台灣人服服貼貼超過一甲子，又要設置

這種斷子絕孫的核魔鬼！……」簡定英的沉痛，彷彿來自地獄的喪鐘，「30 多年了，我麻痺了，只剩斑駁、愁容與皺紋，刻畫著分分秒秒的不堪啊！我常常為核失眠啊！……」

由宜蘭縣林聰賢及筆者帶隊的廢核行腳(2013.10.11；宜蘭市)。

從來是愚民治國的土匪政權，慣以特務的白恐鎮壓，更以全面扯謊「事看誰辦、法看誰犯」；黑暗帝國統治下，2013 年《今周刊》的調查，97% 的人民不知道高階核廢料放在那裏，我所探問的台灣人，全都誤以為最毒的核廢料在蘭嶼；龐多複雜的工技、風險與數字，絕大部分民眾只是白痴！資訊絕對壓倒性的不對等，正是霸權造就順民的慣技，社會心理學者所謂的「權力差距指數」、「不確定的規避」，毫無疑問，台灣沉淪了一甲子。

是何等沉重的無奈，讓簡定英說出如是黑色的怨嘆啊 ?! 今後呢？

廢核行腳每位隊員輪流掌麥克風宣導廢核(2013.10.11；宜蘭市)。

宜蘭縣長林聰賢發表反核決心(2013.10.11；宜蘭市)。

「今後啊 ?! 讓神佛去反核吧！我們人都沒法度囉 ?! 剛才我都說了，我做到死，一輩子總得做件足以向子孫交代的事吧！這是我人生多出來的角色，這齣戲我會篤定地看下去，從青絲到白髮，從沒彩繪到有彩繪，總得給子孫一線曙光！」

「台灣蚊子館電廠何其多，基隆碼頭沒落後，年發電量 53 億度的協和發電廠不也停擺了嗎？它還養那麼多員工在領薪資？台灣完全不缺電，為什麼強硬要蓋恐怖風險的核四廠？整個政府是最可惡而不負責任的詐騙集團，但願早日改朝換代，**祈求上蒼賜給台灣一個有慈悲心、大智慧、絕不扯謊的領導人……**」

「貢寮核四廠是世界性的指標，若建廠運轉，很可能台灣即將順勢推出系列核工產業，並向境外推動；世界上許多國家也在注視這部拼裝車能否運轉而不出事。核四若能正常運轉，大概華航也可以製造飛機行銷全球了……」

「我們沒有悲觀的權利。貢寮絕對是台灣良心最後的淨土之一，我們是國家的資源，世界人性的遺產……」

神話時代的台灣（出自《續修台灣府志》第19卷）有則傳說：台灣東北角有個名叫「暗澳」的地方，說是當年紅毛番的登陸地。該地「無晝夜，山明水秀，萬花遍山，中無居人」，紅毛番留下2百人定居，給他們一年的糧食。隔年，紅毛番再度跨海來探視，發現2百人全部死光光，整個山中恆處暗夜而沒有白天。他們點燃火把後才發現，石頭上有刻字，說明「暗澳」這地方，到了秋天就變成永夜；到了春天就成為永晝，在永夜時段，山裏盡屬鬼怪魑魅的世界，因而2百人陣亡，此地一年即一晝夜。

或許核四廠動工後，貢寮就是「暗澳」，而且遠比「暗澳」更恐怖。我衷心祈求上蒼，貢寮義人撐起這把熊熊的烈火叫希望，得以傳遞國人，儘速破除核電廠大邪魔，還給台灣一幅正大光明、正常健康的大地吧！

387年前（1626年）西班牙艦隊登陸他們名之為Santiago的三貂角，而「貢寮」是道道地地原住民凱達格蘭的巴賽語（Kona），這裏，從來都是本土的生機與象徵；118年前，日本北白川宮能久親王在今之鹽寮公園登陸（1895年5月6日），並在今之澳底仁和宮（前身為土地公廟）設立行宮，揭開領台的序幕；1980年代以降，仁和宮形成全國反核運動的聖

宜蘭縣議員江聰淵等民代，在縣議會前發表支持廢核(2013.10.11；宜蘭市)。

地，我堅信，這場鄉土、國土、世代、生界萬物傳承的聖戰，必將開啟民國廢核元年！

讓我們由貢寮出發，薪火相傳人性的美麗與哀愁；讓10 月 10 日這場誓師的象徵，將貢寮最珍貴的文化遺傳，傳播全國並跨出台灣的新世紀！不久的將來，核四廠址必將建立台灣環境運動的博物館，軟硬體見證台灣人性的光輝，並流傳千古！鄉親啊，讓我們向前行！

(山林書院網址— http://slyfchen.blogspot.tw/ 陳玉峯 Blogger;e-mail: hillwood.tw@gmail.com)

(資料、完整文章見〈寧可那兩顆原子彈落在台灣，至少還有重生的機會—就是不要核電！〉)

17. 寧可那兩顆原子彈落在台灣，至少還有重生的機會—就是不要核電！

(2013.10.10)

～「……甘願日本長崎、廣島爆炸的那兩顆原子彈落在台灣，至少我們還有機會重生，也不願核四建廠，讓我們的世代子孫無法翻身啊！……」～

～「已經花了近三千億元，也快蓋好了，所以我們就得接受核四廠？你叫小孩去買汽水，他誤買了一瓶農藥回來，你也要喝下去嗎？錯誤的政策就得縮手啊，你不該一錯再錯吧！」～

～「要全國公投決定核四可以，但公投題目必須明訂配套，贊成核四續建人口比例最高的縣市或地區，就得接受核廢料的永久貯放！否則，拜託你手下留情啊！」～

～反核2、30年的楊貴英女士說：「自然界動物都懂得保護牠們的下一代，身為萬物之靈人類的我們，為什麼不去捍衛子子孫孫？遑論去殘害世代的未來！出來做一件可以向子孫交代的事吧！」～

……

(2013.10.1 貢寮訪談)

驅車來回 434.4 公里，2013 年 10 月 1 日我從台中到東北角福隆，訪談「反核自救會」第二、三代，也算耆老的楊貴英、吳玉華、林明生、簡定英及吳文樟大德，聆聽他們數十年來，在不義霸權凌虐下，反核的滄桑與悲辛。他們謙稱自己沒讀書、不識字，自救會成立 25 年來，似乎也不曾留下充分的檔案紀錄；現任與前任會長的交接，只憑兩張嘴巴與耳朵，他們樸素得連素人也無法形容。然而，當他們輕描淡寫反核史，平寧的話語時而雷霆萬鈞，重重撞擊在我心田，以致於我放棄原本想要進行的口述歷史研究，只像是「白首宮女話從前」旁側的梧桐樹，在蕭瑟秋風中，偶而掉落幾張枯乾的落葉，鏗鏗然呼應天籟、地籟、人籟俱寂的冷凝與百年孤寂。

我三十餘年山林救贖的經歷，夥同他們嘔心瀝血的鄉土捍衛如出一轍，沒有「一石激起千重浪」的慷慨激越，也非相濡以沫的扶持、自憐，他們都是我的兄弟姊妹，母親的名喚台灣！

前引幾段話，我感同身受其背景與過程的辛酸，然而，本文不擬以過往從事口述史的方式撰寫，只以較散漫的隨筆，與朋友們分享點滴。

三十三年時光逆旅

10 月 1 日早上 10 時我從台中出發，經一高、62 快速路，接台 2，抵達核四廠區費時約 2 個半鐘頭。從台 2-74K 以降，熟悉的濱海地景一一撲面而來。這條公路蜿蜒迤邐、高低曲折、上下起伏，而砂頁岩互層，堆疊出一座座雄渾地壘，色調溫暖且莊嚴。從右上斜切下海的稜線，俐落地切割天際分界線，乃至跌落龍宮之餘，還冒出奇岩怪石，號稱南雅觀景區。而天候屬於終年多雨潤濕，故而林木亙古蔥蘢翠綠，但海風凌厲，被修整成為灌叢矮林。

33 年前 (1980)，我以半年時程頻繁進出鹽寮地區，在核四廠預定地約 4.4 平方公里的範圍內，調查了百餘個樣區，區分數十個植物社會。諷刺的是，當年原委會及台電委託的「生態調查」，只以剷除植被殆盡收場，好似我去登錄千千萬萬死刑犯的姓名、家族、族群等，然後，交由台電集體屠殺！

數十年山林生涯，屢屢我感嘆台灣山林老得比我快，不斷地見證綠色長城的淪亡。1、20 年前我說我是台灣土地生界的驗屍官、台灣殯儀館館長！我從不斷感嘆，走到無感麻痺，就像漸次增大電壓電擊實驗的狗兒，超過了臨界值之後，不管多麼強烈的電擊，狗兒一動也不動，是謂「習得性的無助感」！而貢寮人呢？他們承受 30 餘年的國家暴力，我要訪談的，不就是煉獄下，普世人性的舍利？

1980 年，台電開始徵收貢寮的土地，規劃建廠。1988 年 3 月 7 日貢寮鄉成立反核自救會，在地抗爭，赴台北陳情、抗議、遊行、公聽……，走街頭從全盛時期的 36 部大型遊覽車，到最低迷時期的 2 個人，這 2 個一位叫良知，另位叫世代公義！他們不屈不撓，前仆後繼，包括多位已經作古的前輩，以及現今10月10日出殯的廖明雄先生。

覺醒後的不歸路

我準時抵達邀訪地，福隆龜壽谷街，吳會長、貴英姐等五人陸續到來。

攤開旨意，貴英姐侃侃而談她個人反核的緣起：

「1979年美國三哩島、1986年前蘇聯車諾堡核變之後，台灣社會開始論議核電問題。張國龍教授下鄉，在澳底仁和宮辦說明會，我初受啟蒙，且當時適逢我遭遇大車禍，對世事無常也起了反思。我認知到核電、核廢威脅到整個生態系的問題，我是人，人是動物之一；我有結婚，繁衍了下一代。動物都懂得保護牠們的下一代，為什麼身為萬物之靈的人類，不能去捍衛自己的子孫？所以，這是生為人，當頭最要緊、最有意義的使命之一……」

如同多數貢寮人，貴英姊是由大義、大體的覺悟，無怨無悔地投入不歸路。而關於核電、核災、核廢，那是有史以來人類製造的最大罪孽，是亙古以來、創世紀以降，最不負責任的惡魔，正如《舊約》＜哀歌＞第五章第七節敘述的：「祖先犯了罪，可是祖先已經不存在了，後代卻要承擔他們的罪債！」難道得要台灣淪為永世的廢墟，製核及擁核者才不得不罷手？核電、核廢的正反議題，就我而言，早已沒有任何討論的空間矣，這也是不消再說者。然而，對於多數台灣人民，乃至1980年代的貢寮人，毋寧停留在朦朧的恐懼，且在極權極端資訊不對等的暴虐下，民智的喚醒委實極為困難。而貴英姊等貢寮素人，從一無所知，經啟蒙、覺醒，挺身對抗惡魔，2、30 年練就了豐沛的核電知識之餘，對現代社會公共事務的公民參與，種種訣竅瞭如指掌。他們對抗官僚衙門、御用學者專家或種種走狗打手的技術已臻化境，重要的是，個人涵養及人格的超拔令人動容，讓我激賞的，他們成就了慈悲與智慧的大我情操，他們正是我心目中，「無功用行」的禪門素人實踐者。

為了免除不必要的裝飾，本文但直接臚列他們的話語，只在背景事件上，略作小註。

打死不退的辛酸不必人知

「我們沒錢、沒人、沒知識、沒背景、沒資源，我們在家鄉使盡吃奶力氣，才能找出一個人願意參加陳情抗議；找個人，光是電話費得花多少 ?! 先生同意出來了，太太反對；太太答允了，先生杯葛；夫妻都 OK 了，父母阻撓；全家都通過了，小孩要上學、田地要除草、生計要照顧……九彎十八拐都繞轉過來了，又得自掏腰包僱請遊覽車、付便當費用。然後，到了衙門、公廳，高高在上的官僚、權貴，輕鬆一句：『你們的證據在那裡？』他們永遠有一大票唬人的專家撐腰。我們被噓、被罵了一頓，灰頭土臉、又疲又累地回來。回來又沒立即檢討，自救會也沒給大家做說明，以後我們該如何、如何，人一旦散去，誰人可能明天再來開會？純付出，又挫折，更沒交代，下次還有多少人站出來?!

民智與人性弱點更是致命傷。核一、二建廠的年代，在地居民敲鑼打鼓迎接魔鬼進駐。到了核四，在當局、當權以違法、詐騙、攏絡、懷柔、造謠、挑撥、直接賄絡或強迫回饋下，反核者人家還會看不起你，認為你是亂源、麻煩製造者，你還擋人財路！

如此低迷的窘境下，憑藉的，只是世代正義的意志力罷了，橫直這件大事已在家鄉發生了，就是一搏啊！做到死為止，至少，我對良心有交代，像你說的，捧著先賢的神主牌也得繼續走！後來，有天我看到朋友手中有本《核四計劃書》，而我們什麼資料也沒有，我強借來，花了十幾萬元，委託某人幫我整理出來，將建廠流程所有違法的項目一一抓出。卯澳有位鱸鰻叔仔，他利用夜晚時間，陪我去宜蘭某家公司的小姐處，她懂電腦，花了一段時程，偷偷地整理出來，交給自救會，然後再去監察院、立法院、環保署……一一抗爭。

1989、1990 年間，為阻止八年預算案闖關，我們去立法院抗議，立法院前門封鎖，會長帶我們從邊門衝進去，鎮暴警察則推拒過來。由於我車禍骨碎後尚未痊癒，我怕自救會員被推擠倒退時，我會被壓在人堆中爬不起來，因而我喚吳玉華，陪我登上我們停佇在旁側的貨車箱。**不料霹靂小組蜂湧而至，亂棍齊飛，棍棍打劈在我身上，當下腦海一陣旋暈，我感覺我的腰只大概破了了，心想這一生**

只能吃到這天而已！直到今天，我已屆 70 歲了，還不時陣陣作痛……」

當時，由於吳玉華在車上較內側，鎮暴警棍無法揮打到她身上，年輕的警丁改用直戳，棍端穿經貨車欄杆，戳得吳玉華的雙腳紅腫瘀青，幾個部位還腫脹成小氣球般。靦腆的吳玉華女士補充說：「那霹靂小組足夭壽，猛打直戳，什麼深仇大恨也不過如此。直到我們的人回頭，強闖推開施暴警力，總算幫我們解危。後來，我們相互扶持，到台大醫院就診……」

我問她們，當下心情如何？

「心情足否吔！那些年輕警察也不知世事，只是聽命行事啊！但以後自救會一有召喚，我們照樣出來，再接再厲。有時臨時通知明天上陣，今天我們就拚命去找人……」

「這種打死不退的精神緣何而來？」我追問。

「我袂不知！(我也不知道！)」吳玉華笑笑地答。

「**就是做人的基本責任與義務吧！**」楊貴英說。

就在這段 1989、1990 年代期間，可謂貢寮反核四的鼎盛時代。

「熾熱時期，我們一週上台北 3、4 次，逼得一些查某人暝時回到家趕著綁粽子，隔天清晨蒸一蒸，再上台北抗戰…」

「澳底反核四高潮的年代，有次，整個澳底街頭巷尾大罷市，近乎全數拉下鐵門，家家戶戶張貼告示單……」

黑暗帝國統治術

相對於台電勢力，貢寮人當然是絕對弱勢。直到新近，台電人員還在環保署的一次會議上，大言不慚地宣稱，他們已在貢寮當地擲下 30 多億元回饋與溝通，他們的敦親睦鄰做得多好，某某人都讚譽有加、現任自救會長吳文樟也很認同，云云……

「我們貢寮鄉，早期一隻電錶補助 2 百度，後來 150 度，去年改為每個人頭，一年 1,600 元電費補助。他們又說，歷來已補助了貢寮 33 億元，也不知錢花到那裏去？……某黨派的人斷續造謠說：『做自救會長的人，不知拿了多少錢』；『這些反核的人為什麼迄今都能生存哪，就是接受台電的補助嘛！』……

過去鄉長時代，台電每年輔助貢寮鄉 6 千萬元做地方建設；急難救助可領 1、2 萬元；某某黨招待鄉人去遊覽，到核電廠有個拍攝站提供『參訪拍攝』，旁置核四圖案，拍張照片可領 2 萬元（一部遊覽車）……」吳文樟邊打趣邊說著。

「他們說核四廠帶給地方太多恩德，既然是德政，他們何必回饋？何必費盡心思討好？地方一些公共設施明明都好端端的，為什麼得打掉、重鋪？他們對公所、行政系統、地方建設大手筆挹注，他們對宗教團體……，什麼遊覽、營養午餐、獎助學金、意外死亡、清寒扶助、電費……林林總總的項目灑下天羅地網。

再多的討好、回饋，能不能減輕輻射劑量？再好的敦親

睦鄰能不能降低風險？我拒絕他們的電費補助；我媽往生時，他們不請自來，我將祭品、奠儀退還給他們。他們穿梭大街小巷，隨時隨地在表達他們的『善意』。問題是真相、真理應該只有一個，還有第二個必然是偏理！我既然反對建廠，我當然拒絕回饋，但一樣米飼百種人，許多人根本不明白他們的詭計，……第 13 條載明，凡接受他們的回饋者，等同於同意他們興建核四！

他們的補助半強迫，人民要拒絕很難……30 多年來他們以違法及詐騙術霸凌人民，最可惡的，利用人性的弱點，逐一瓦解反核的決心與毅力……」貴英姊以一貫的理性洞燭根本。

「反核團體最無能之處，在於我們無法排解人們的現實問題，貢寮鄉民在現實生計、小利小惠與世代安危的兩難之間徘徊、拉鋸，我們永遠是弱勢陣營。」她再補充：「核四員工在當地的消費，也是貢寮鄉民的人性鬥爭啊！」

「鄉人說，跟你們出去抗議只惹人厭、得不償失。我們跟 OOO 出去，有吃又有抓！有次 OOO 辦反核說明會，OO 黨刻意辦宗教朝山，帶走 3 部遊覽車的鄉人……」吳玉華、吳文樟等作補充。

諸如此類懷柔、賄賂、分化、挑撥，在貧窮的偏遠地區，從來都是權勢集團的慣技。1994 年，貢寮鄉長趙國棟舉辦在地核四公投，超過 97% 的人民拒絕核四。然而，長年下來，在金錢、霸權操控下，又有多少人得以像我眼前的義人們，深明大義、拒絕誘惑？

我數十年從事山林運動、環境議題的抗爭，龐多案例的苦楚，感同身受於貢寮義民們的椎心之痛。我們能不能說：青樓女子為謀生計，出賣皮肉、色相，賣的畢竟只是個人直接的身心；而接受核電廠的蠅頭小利、小惠，賤賣的可是世世代代、子子孫孫的永世威脅或浩劫啊！臣服於核電，遠比妓女賣身還不如?!

有史以來的環境運動，就屬反核最漫長。這條遙遙天路，在正反拔河、善惡拉鋸之下，貢寮義人們最黯淡的時期是何？我轉問此問題。

1003 事件

「1003 事件時尚艱苦，大家避沒路，他們不必任何通知，只要參加自救會的人，就來抓去詢問，我們成了『暴民』，他們逮到機會，想要一舉消滅自救會。事件之後，大家非常無奈與消沉，連出門都恐懼，居家周圍隨時有便衣在監視，他們對照著錄影抓人。我們被當局定調為『暴民壓死人』，被栽贓為『預謀殺人』。義工林順源被判無期徒刑、高清南 10 年 2 個月有期徒刑，江春和、陳世男、吳文通等 15 人被判緩刑及易科罰金不等……」林明生先生回憶自救會的一段不堪與悲劇。

1991 年正屬全國環境運動最蓬勃的年度之一，貢寮反核四也進入熾熱。10 月 3 日，台電及保二員警，強行拆除反核團體在核四預定地門口搭建的「核電告別式場、反核行動營」的棚架，從而引發系列警民肉搏衝突。義工林順源開車進入核四預定地，遭遇近 30 名保二警員的攻擊。人生地不熟的慌張下，林急速折返，不幸撞死警員楊朝景，「林順源退伍後來貢寮陳世男那裏等船期，他原本要去長程行船，等候時段開小貨車載貨，賺點外路仔。他人熱心，聽人說反核，也來幫忙。他進入預定地後，車後方人潮推擠，前方警力鎮壓而來，他如果是在地人，就懂得側走邊門繞出來。情急之下，他折返，純意外的不幸就發生了！……」林明生扼腕地說。

高清南敘述：「……引起全國震驚，在警方和媒體的抹黑打壓聲下，貢寮鄉民頓時變成"反核暴民"。而警方進行一連串的約談行動，無數便衣在多無搜索票下，強行搜索民家……簡直是 50 年代白色恐怖再現……」林順源先生後來假釋出獄，據聞神隱於花蓮。

此一歷史傷口，當然重挫反核陣營，運動從而進入黯淡期。然而，楊貴英強調：「那是反核前半段的低迷時期。反核後半段最沮喪的時段，發生在阿扁復工之後……」我可深切體會這句話背後，台灣人的悲哀！夥同對政治人物的失望、不滿，貢寮人在諸多「情傷」的無奈下，對政治人物的應對，多了一份厚重的保守與智慧。

訪談中，貴英姊非常痛心台灣政黨的對立，拖累了台灣的前途與命運。「某政治人物宣稱，他保證 2025 年一定可以建立非核家園，真的嗎？你上台一任不過 4 年，古人說三年官二年滿，2025 年你不知到哪裏去了，你的承諾算什麼 ?!……」

面對這群奮戰2、30年始終受挫，一而再地打擊，就運動而言，幾乎是從不見天日的貢寮人，他們經由苦難磨練出來的寬容與從容，對全國性公投的異議，乃至對國人，有何呼籲及良心的建言，或他們的心聲呢？

資訊不對等的暴力與全國性公投的弔詭

久浸人性正反絞纏的貢寮人，深切瞭解形式的民主，頻常等同於偽善與不義，他們自始迄今，堅決反對全國性公投決定核四的存廢，或貢寮人的生死。

「規劃興建核四本來就是黑箱作業，行政程序、通過環評的流程，也只經過一、二個地區單位，續建與否，你該回頭由原單位處理，而不是不負責任地丟給全國。我們固然感謝外來環團對貢寮的啟蒙與協助，但你不能將貢寮的生死命題交付全民公投，而成不成你不在乎！」貴英姊對特定的環保人士，以及政治人物頗有微詞，她引述了一些歷來的政客，或環保人士的刻薄對話或主張，我不必在此引述。

「何謂公平、正義？全國公民竟然可以決定貢寮人的生死、存廢，則公投揭曉且贊成續建，試問贊同續建的比例最高的地區，是否必須接受核廢料存放在你們那裏？權利與責任總得並存吧?!這是相對論嘛！如此才公平。而且，至少你得在全國各地區實施無預警的演習，讓人民檢視你有無能力處理危機災變。安全得宜，你才進行公投啊！豬仔摔死了，才講價格，怎麼說都不合理、不公平吧！」貴英姊如是說。

吳玉華女士嚅嚅地表示：「我到中、南部去，他們都不知道核四問題；鄉下人問我：『啥是核四廠？』我們該怎麼辦？政府硬要把核四存廢，交由絕大部分這樣的人投票嗎？」

吳文樟平靜地敘述：「中南部人可能誤認為核四事不關己，反正很遙遠，加上擁核者透過舖天蓋地的愚民伎倆，人民多半不會出來投票，一旦舉行全國公投，怎可能衝破鳥籠公投法天高的門檻？而且，國民黨提出的核四公投題目，幾個百姓看得懂？題目霧煞煞，也不知在講什麼碗糕？……」的確，莫說不識字的農工，我自己也得增加眼鏡度數，才勉強理解設計題目者的文字障、詐騙術，唉，心術不正的人總是不斷地踐踏語言、文字啊！

「要嘛，你修改公投法，改為『多數決』，無論如何，不該搞出一個連反核人士也看不懂該投同意或不同意的題目。」

簡定英強調：「訊息、資訊不對等啊！絕大多數人民根本不明究裏！政府必須明白告知核廢無能處置，國際公約也不讓核廢境外處理。如果不是三哩島、前蘇聯，我根本不知道核電的可怕。這是危害子孫久久遠遠的，台灣就這麼小，核災必然影響每一個人；**外來政權沒把你消滅的，核電會將你終結啊！**」

「甘願日本那兩顆原子彈擲在台灣，至少我們還有機會重生，就是不要國民黨來台灣設置核電廠啊！國民黨你該

去日本啊！你來台灣，台灣人無法度翻身啊！一次 228 及白色恐怖，鎮壓台灣人服服貼貼超過一甲子，又要設置這種斷子絕孫的核魔鬼！……」簡定英的沉痛，彷彿來自地獄的喪鐘，「30 多年了，我麻痹了，只剩斑駁、愁容與皺紋，刻畫著分分秒秒的不堪啊！我常常為核失眠啊！……」

從來是愚民治國的土匪政權，慣以特務的白恐鎮壓，更以全面扯謊「事看誰辦、法看誰犯」；黑暗帝國統治下，2013 年今周刊的調查，97% 的人民不知道高階核廢料放在那裏，我所探問的台灣人，全都誤以為最毒的核廢料在蘭嶼；龐多複雜的工技、風險與數字，絕大部分民眾只是白痴！資訊絕對壓倒性的不對等，正是霸權造就順民的慣技，社會心理學者所謂的「權力差距指數」、「不確定的規避」，毫無疑問，台灣沉淪了一甲子。

是何等沉重的無奈，讓簡定英說出如是黑色的怨嘆啊 ?! 因此，在黑壓壓、沉甸甸的氛圍中，我央請眼前的貢寮人談談前瞻與希望。

三十年暗夜等待廢核民國元年的曙光

「今後啊 ?! 讓神佛去反核吧！我們人都沒法度囉 ?! 剛才我都說了，我做到死，一輩子總得做件足以向子孫交代的事吧！這是我人生多出來的角色，這齣戲我會篤定地看下去，從青絲到白髮，從沒彩繪到有彩繪，總得給子孫一線曙光！」

「台灣蚊子館電廠何其多，基隆碼頭沒落後，年發電量 53 億度的協和發電廠不也停擺了嗎？它還養那麼多員工在領薪資？台灣完全不缺電，為什麼強硬要蓋恐怖風險的核四廠？整個政府是最可惡而不負責任的詐騙集團，但願早日改朝換代，祈求上蒼賜給台灣一個有慈悲心、大智慧、絕不扯謊的領導人……」

「貢寮核四廠是世界性的指標，若建廠運轉，很可能台灣即將順勢推出系列核工產業，並向境外推動；世界上許多國家也在注視這部拼裝車能否運轉而不出事。核四若能正常運轉，大概華航也可以製造飛機行銷全球了……」

「我們沒有悲觀的權利。貢寮絕對是台灣良心最後的淨土之一，我們是國家的資源，世界人性的遺產……」

凝視著這群年齡層相仿的貢寮朋友，我心溫暖有勁，他們不只是平凡人，更是台灣的曙光。

神話時代的台灣（出自《續修台灣府志》第 19 卷）有則傳說：台灣東北角有個名叫「暗澳」的地方，說是當年紅毛番的登陸地。該地「無晝夜，山明水秀，萬花遍山，中無居人」，紅毛番留下 2 百人定居，給他們一年的糧食。隔年，紅毛番再度跨海來探視，發現 2 百人全部死光光，整個山中恆處暗夜而沒有白天。他們點燃火把後才發現，石頭上有刻字，說明「暗澳」這地方，到了秋天就變成永夜；到了春天就成為永晝，在永夜時段，山裏盡屬鬼怪魑魅的世界，因而 2 百人陣亡，此地一年即一晝夜。

或許核四廠動工後，貢寮就是「暗澳」，而且遠比「暗澳」更恐怖。我衷心祈求上蒼，貢寮義人撐起這把熊熊的烈火叫希望，得以傳遞國人，儘速破除核電廠大邪魔，還給台灣一幅正大光明、正常健康的大地吧！

387 年前（1626 年）西班牙艦隊登陸他們名之為 Santiago 的三貂角，而「貢寮」是道道地地原住民凱達格蘭的巴賽語（Kona），這裏，從來都是本土的生機與象徵；118 年前，日本北白川宮能久親王在今之鹽寮公園登陸（1895 年 5 月 6 日），並在今之澳底仁和宮（前身為土地公廟）設立行宮，揭開領台的序幕；1980 年代以降，仁和宮形成全國反核運動的聖地，我堅信，這場鄉土、國土、世代、生界萬物傳承的聖戰，必將開啟民國廢核元年！

讓我們由貢寮出發，薪火相傳人性的美麗與哀愁；讓 10 月 10 日這場誓師的象徵，將貢寮最珍貴的文化遺傳，傳播全國並跨出台灣的新世紀！不久的將來，核四廠址必將建立台灣環境運動的博物館，軟硬體見證台灣的光輝，並流傳千古！

（山林書院網址— http://slyfchen.blogspot.tw/ 陳玉峯 Blogger;e-mail: hillwood.tw@gmail.com）

18. 由淩遲性的「原爆」談「清核廢」—兼述《原子彈掉下來の那一天》

貢寮反核鬥士簡定英先生對我講出：寧可台灣挨上落在日本的那兩顆原子彈，至少還有重生的機會，也不願KMT來台灣設置核電廠！我固然可以理解、瞭解或悟解一個反核2、30年的先行者，長年抑鬱的悲痛、無奈、絕望，但恆不死心的至死無悔，此間內涵，對我而言，更有一生在台灣山林、土地、環境、歷史、文化、自然生態哲學等等面向的沉重反思。

個人認為台灣之走入文明史的約四百年來，從原民、荷蘭、鄭氏三世、清朝、日治，到國府治台，五大政權當中，就屬最後一個，重創250萬年台灣成陸以降的演化史而曠古未有、空前絕後。1990年代我估算，依據原始森林被摧毀後，山體走向穩定的安息角，所必須流瀉、傾倒的土石體積量，以各大水庫淤積量及集水區系面積計算，另加上不再開發之後的自然演替速率等，台灣的土石流災難，至少尚須延綿300年！

然而，土石流再怎麼可怕，至少尚可依據諸多環境因子及若干具體現象，稍作相對有效的預防、逃生，最最恐怖的是核能、核電問題。就在蔣經國訪美，於紐約遇刺的1970年，11月8日，核一廠在北縣石門鄉乾華村動工，開啟了台灣生界永世的夢魘，而且，最嚴重的，它是無聲、無色、無嗅、無味，了無跡象、無可預測的浩劫隨時可以發生，而且罪債長留世世代代！

全球各地許多人，忌諱將原爆、核爆與核電等，所謂核能的「和平用途」相提並論，甚或視為禁忌。而順著簡定英先生10月1日的黑色語調，我聯想到原子彈爆炸後的影像紀錄。

1945年8月9日11時2分，在廣島原爆3天後，距離長崎市內城區中心約3公里的別墅網球場，離地約5百多公尺的高空，史上直接炸在人類身上的第二顆原子彈爆炸了。這顆名為「胖子」的原子彈屬於MK-3型，使用的原料是人造同位素的鈽239，由於鈽239的製作成本遠比濃縮鈾235便宜，因而被戲稱為「窮人的原子彈」；如果台灣沒有發生「叛國事件」，現在將擁有的原子彈，大概也會是原料鈽239。

「胖子」的威力相當於22,000噸T.N.T.的當下破壞力，據說在離爆心1公里範圍內，且在屋外的人，9成在7天之內死亡。當時長崎人口24萬，因原爆的死亡將近15萬人，長崎建物約36%瓦解。6天後，日本無條件投降(1945.8.15)。

記憶中看過的影像，爆炸中心喪生的人，因3,500℃上下的超高溫，瞬間完全消失，只留下牆壁的影子。（因為光速最快，在他蒸發前留下了背影！）距離爆心稍遠的遺體，當然是瞬間焦炭化，人畜一個樣，身軀先端如手掌等融化。比較龐貝古城被火山爆發、岩漿覆蓋的木乃伊，這些碳屍的前身，絕對是無感死亡，連痛覺都來不及傳導就已消失。地獄算什麼 !? 十殿閻王的酷刑算老幾 ?! 更不用說什麼「後悔太慢了！」有史以來，人類所有的神鬼概念、悲慘殘酷，追不上原爆的億萬分之一，沒有任何知覺、識覺、空覺，沒有殘忍，沒有一切的有或沒有！

距離爆心更遠處，人類識覺稍可作用的範圍下，原爆後幾分鐘，乃至數天內死亡的生物呢？許書寧小姐翻譯的《原子彈掉下來の那一天》（上智文化事業出版），透過活下來的 37 位孩童（原爆當時 4~12 歲）的口訪，以稚嫩的心思或口氣，留下人間語言的新紀錄！書中第一位孩子名叫辻本一二夫，「胖子」掉下來的那年他五歲。原爆時，他躲在山里小學的防空洞裏，從而逃過浩劫，戰後他也在山里小學讀書。

轉引幾段他的口述：

空襲警報大響之後，「我第一個抵達（防空洞），馬上跳進洞穴的最深處。就在那個瞬間，一道強光閃起：『霹靂』，接下來，我就被一陣強風甩到洞底的牆壁上……不久，我從洞口往外一瞧，發現整座操場上簡直就像『灑滿了人』一般。

人們倒在操場上，密密麻麻得幾乎看不見下方的泥土。

大部分的人都死了……倖存者躺在地上無力地踢著腳，並拚命地往上伸手（註：推測是要水）……

三十分鐘後，媽媽終於出現了，渾身是血。媽媽剛才在家準備午餐，因此被炸彈波及。我一看到媽媽，馬上撲過去緊貼著她的身體。一直到現在，我還是難以忘懷被媽媽用力摟住時的那份喜悅……

妹妹隔天就死了……

媽媽也在隔天過世了……

接下來，哥哥也死了……一個接一個地去世，因此，我以為自己也會死。

……

活下來的人們四處蒐集木頭，就在操場上燃燒屍體。

哥哥被燒掉了，媽媽也是。在我的眼裡漸漸變成骨頭，然後從火焰中劈里啪啦地往下掉。我一邊哭，一邊目不轉睛地看……

奶奶告訴我，只要到了天國，就可以再見到媽媽了……

現在，我進了山里小學，是四年級的學生了。那座操場早就被整理得一乾二淨，我的朋友們每天都在上面玩得興高采烈。那些小朋友並不知道，在這裡曾經死過很多孩子，也不知道這裡曾經燒過屍體。

平常，我也會很開心地和朋友們在操場上玩。但是，只要發生了一點什麼事，我就會忽然想起那一天的景象來。

那個時候，我會去蹲在媽媽被燒掉的地方，用手指頭挖土。

拿竹片稍微往下挖，黑炭的碎片就會顯露出來。只要我一直盯著那地方瞧，就彷彿可以在土中，模模糊糊地見到媽媽的臉。

有的時候，我看到別的小朋友在那塊地上踏來踏去，就會不由自主的生氣。

每次進操場，都會讓我想起那一天發生的事。操場是個叫人懷念的地方，同時卻也很叫人悲傷。

還有四、五年的時間，我會繼續待在這所學校。

接下來的每一天，我是不是也將在同樣的心情中度過呢？

……

爸爸爸爸—爸爸的骨頭，究竟在什麼地方呢？

……

只要再一次就好了，如果能夠回到從前……啊……

我好想念媽媽。

我好想念爸爸。

我想念哥哥，也想念妹妹們。

如果大家都還活著就好了……

……奶奶……總是對我說：

『一切都出自天主的旨意。都是好的！都是好的！』

我也想要和奶奶一樣，有一顆美麗的心。」

我一個故事接著一個故事看，……我遺忘了所有的語言、文字、感覺，我不想再引述真實的煉獄或地獄。

有幾幅抽象畫作，真是化境：

「……隔天早上，我發現防空洞外有一根殘留的電線桿，頂端冒著一點點火花，看起來像是一根燃燒的香灶。

又過了一天，那根電線桿依然在緩緩燃燒。日子一天天地過去，電線桿也一天天地燃燒，逐漸變短，卻老不熄滅。我們每天無所事事，只能枯坐在防空洞內，看著那根緩慢燃燒的電線桿度日。

到最後，電線桿終於燒完了。戰爭結束了。」

「『水！……給我水！』

我們的水壺掛在防空洞前的樹上。於是，我飛快地衝出去拿。

可是，當我一把握住水壺，正要將它從枝頭取下時，整棵樹竟然不吭一聲地倒了。

那個景象實在太詭異，我嚇得頭也不回，立刻狂奔回防空洞……」

……

……

（朋友們，如果你想看這小書而買或借不到，請跟我連絡，我會寄給你）

核電廠原子爐的『爆炸』與原子彈的爆炸，表象上當然天差地別，前者是後者很小量的極緩慢的『爆炸』，原理都一樣，也都產生輻射。

輻射核種在衰變過程中，無時不刻在發射各種放射性物質，例如 α 粒子、β 粒子、γ 粒子、微中子等。最具殺傷力的即伽馬射線（γ ray），它們是極短波長的電磁波，具有高能量，可以穿透 2.5 公分厚度的鉛板，造成殺死生命體細胞，引發 DNA 病變，導致癌症、腫瘤、秘雕，讓人生不如死，終歸殘忍的虐殺！

人類接觸核電輻射殺手，可以說是蒙受緩慢的原爆，分分秒秒地凌遲！

而台灣的核一至核三廠內貯存的高階核廢料，迄 2013 年 7 月為止，計有 16,455 束，它們的輻射劑量比 23 萬顆廣島爆開來的原子彈還要多！然而，全球無人能處理核廢。

1970 年代以降，台灣島不斷引進比魔鬼還魔鬼的核原料，也不斷生產核廢料。即令馬上停止所有的核能發電，我們依然坐擁無能處理的核廢！

國際原子能總署的報告指出，1993 年是全球核能發電的高峯，之後一路下滑，2012 年佔總發電量約 1 成。一般核電反應爐的運轉壽命約 40 年，全球 427 座核反應爐平均約 28 歲，台灣平均為 32 歲。因此，10 年內，全球核子反應爐將出現退休潮。

台電核一廠預計於 2018、2019 年除役。接著核二、三，能否早日終結？

除役後核廢呢？濕式轉乾式，存放在哪裏？還是就地掩埋成「核廢塚」，世代安全呢？

我發起「廢四核百萬人接力行腳」運動的宗旨之一即「清核廢」。我們可以循 3、40 年前，台電與奇異等公司的契約、備忘錄等等，大打國際官司，至少要求當時高利賣給台灣惡魔的公司，協助如何善後，並聯合世界有識之士，加速推動「任何生產者必須為其產品向地球生界負責」的國際運動，修改國際公約，全球共謀如何除魔除煞，忠實面對「祖先、前人的罪債」！

但願全天下人都擁有一顆美麗的心！

(http://slyfchen.blogspot.tw/；e-mail: hillwood.tw@gmail.com)

19. 宜蘭平原上的仰止高山——林義雄先生座談會

～他的志業清晰、堅定，恆不懈怠於培育自覺性的人民，使之激發出具備行使自由意志暨主體意識的能力，且可以自我承擔的民主公民。筆者歷來推崇台灣歷史上存有兩大政治家，一即陳永華，他奠定台灣四百年民族倫理、價值及宗教信仰的底蘊，建立台灣民族靈魂的原鄉，並形成現今台灣人的無功用行；另一是日治時代的後藤新平，他底定台灣完成現代化國家的根基，締造行政典範的恢宏格局；如今，筆者確定，台灣史上第三位政治家即林義雄先生，他正在創造21世紀台灣民主的公民社會！～

2013年10月11日下午，我跟隨「廢四核、清核廢全國接力行腳」隊伍，造訪「慈林文教基金會」，林義雄先生、方素敏夫人伉儷接待、導覽我們。林先生夫婦陪我們看過簡介「慈林」的短片後，同我們展開一場座談或對話。這場「家常菜」式的會談平易可親，但其篤實的經驗、體悟的智慧，在尋常話語之間，處處激發人性的光輝。

平生迄今，除了千禧年前後，有次去慈林上課（方素敏女士接待筆者），以及曾經 1、2 次與林先生通話或寒喧之外，我與林先生可謂「緣慳一面」，或素未接觸。儘管他的報導繁多、讚譽有加；他的高風亮節、方正行徑，亦為普世認定，但筆者走進慈林時，並未攜帶如是抽象。

可以說，我沒任何準備，也沒目的。意外的是，這場普通的談話，卻教我下達破題的感受。

由於林先生關頭即強調這天的談話，最好不要對外發表，因為聽與講的人之間，存有大歧異。若經再三轉述，就會愈加失真，失真則造成無謂的困擾。因此，本文所載，但屬個人感受，雖落款林先生之語，一切文責自負，與林先生無關。

廢核行腳隊伍拜訪慈林文教基金會，左起陳玉峯、蘇振輝、方素敏、林義雄(2013.10.11；宜蘭)。

台灣民間心目中的「人格者」

大家耳熟能詳的「巴比倫塔(Migdal Bavel)」神話故事(《舊約》創世紀第 11 章)，說是人類聯合建造通天高塔，以便傳揚自己的永世偉名。於是，上帝不爽人的傲慢，讓人類說出無法溝通的不同語言，因而造塔失敗，人類各散東西。希伯來語 Bavel 帶有「變亂」之意，也可以延展人類口舌與耳聽之間，在人心差異的妄相之下，增添無數的誤解與衝突。20 世紀哲學家維根斯坦(Ludwig Wittgenstein，奧國人，邏輯實證論鼻祖)業已析明，除了自然科學語言之外，人類絕大多數的語言並無真假值！

我能理解林先生為何如此謹言、慎說，殆因他很清楚自己的份量，深恐濁嗜興風作浪、挑撥是非的傳媒，妄造口業、徒增困擾。即便如此，網路上迄今還看得到扭曲林先生，或刻意誣衊林先生的話語！上帝與撒旦是孿生？奈何！

林先生，1941 年生，宜蘭五結鄉人，台大法律系畢業。1966 年執業律師；1975 年投入政治運動；1977-1979 年擔任第六屆省議員，他以清流之姿，耿直從政，網路資料評述他：「率先婉謝禮物……埋下遭受『特別關照』的伏筆……」；1979 年 12 月，因「美麗島事件」被捕入獄；1980 年 2 月 28 日，發生慘絕人寰的「林宅血案」，《維基百科》記載：「礙於國內外觀瞻，執政的國民黨讓林義雄交保出獄料理喪事。國民黨高層本有意假此交保出獄之後，不再讓他再入獄。但是，林義雄堅持與另外七位黨外好友一起接受軍事審判，結果被判刑十二年……」；1984 年林先生假釋出獄，與夫人負笈美國哈佛大學深造；1989 年攜帶兩冊著作回台，一為《台灣共和國基本法草案》，也就是他的政治理想，關於台灣前途的願景；另冊即《心的錘煉：淺談非武力抗爭》，討論促使社會變革的方法等。

1991 年 3 月 31 日，林先生於故鄉創辦「慈林文教基金會」；該年亦發起「核四公投促進會」，1994-1997 年擔任該會召集人，且於 1991 年至 2003 年間，共計發動三波徒步行走全台的「核四公投千里苦行」。1994 年明訂「核四公投促進會」宗旨為：經由促進「用公民投票決定應否興建核四，來喚醒台灣人民的主人意識，培養台灣人民行使主人權力的能力。」

1998-2000 年，林先生擔任民進黨主席，並輔選成功，完成台灣史上首度的政黨輪替。然而，民進黨執政後，宣佈停建核四，卻在朝小野大，以及釋憲風波中，2001 年核四旋復工。於是，2 月 21 日，林先生以「核四爭議中，雖然自認為問心無愧，但是認為還是需要負起連帶責任」，辭去民進黨首席顧問一職，乃至 2002-2005 年間，多方行使公民運動，且在 2006 年 1 月 24 日退出民進黨。

《維基百科》等，認定林先生乃台灣自 1970 年代後期以降，最具指標性人物、台灣民主運動的精神領袖，或陳前總統著作中宣稱的「人格典範」者，草根民間則敬稱其為「人格者」。

林先生的事蹟龐多，我不擬在此畫蛇添足，只以客觀史實勾勒一、二。簡化地說，林先生誠乃台灣近 40 年來，集民主運動史於一身的理想性人物，而草根民間的認定，毋寧才是其最合宜的寫照，但也是最沉重的負擔！

見山還是山的志業

林先生簡介其一生迄今，主要的或三大階段的工作，且如何回歸民主文化素養或教育的基本面。他說，因為他當律師，從而去做政治工作，「那時我很單純，認為法律可以改變我們的社會，所以去做政治，之後，一直做，做到民進黨主席……覺得也不行，所以（回歸）做教育。我會去做教育，是更早的事……我坐牢出來後，出國，去世界各國走走。我想去學人家的政治怎麼做？看人家如何設計其制度、如何選舉、如何在國會中辯論……而一個專制或不好的政權，我們要怎樣去推翻它。那幾年我寫了二本書，(1989 年帶回台灣）一本是《台灣共和國基本法草案》，是我的政治理想；一本是「非武力抗爭」，討論促使社會變革的方法。但是，……政黨輪替了，似乎也沒什麼……不像我想像的那樣美滿。而之前，我們也做民主運動的教育，希望民主文化能夠更深入台灣社會，人民可以做民主國家的主人。1991 年創設基金會的緣由乃在於，我去國外學習政治制度、政府組織雖有心得，然而，是因為他們人民的素養、水準比我們高，才會去設計那樣的制度、組織、政治方法，那是我出國多年最大的感受！所以我回國後，

余國信與蘇振輝先生(2013.10.11;慈林文教基金會)。

方素敏女士為行腳隊員導覽、解說(2013.10.11;慈林文教基金會)。

第一要緊事，即創立文教基金會……」

林先生這番道破因果關係的話，令我十分感慨。

1970 年代末葉，我在台大植物系、植物研究所就讀期間，非常反彈於學界的橫向移植，直接在課堂上駁斥授課的教授，強調自然科學是先有既存的事實，而後有觀察、調查、分析、歸納、演繹，從而產生假說、實驗、方法論、理論，絕非將溫帶國家研究成果的方法論、理論，強硬套在台灣的現象與事實，甚至矯飾台灣事實，去迎合外國理論。當時，台大剛引進真空管的第一代電腦，我還諷刺他們：「輸進去的是垃圾，出來的還是垃圾！」1990 年代，我在自己的講堂上，不斷宣說、析辨「台灣是有什麼樣的外來政權，才形塑出什麼樣的人民」，辨證「有什麼樣的政府才產生什麼樣的人民，或者有什麼樣的人民，才產生什麼樣的政府？」等等。

事實上各行各業莫不如此，因而滙聚成 1980、1990 年代，或 2、30 年台灣的主體或本土意識的運動。我個人在此面向，朝向「從土地倫理到文化創建」、「天文、地文、人文、生文」一體的文化創建論發展，將「台灣史」的範疇，由地體、生界的演化，討論到人文的演進，且在近 7 年來，解構台灣的「隱性文化（次文化、被統治文化、奴隸文化……）」，直探傳統宗教、台灣庶民信仰、價值系統的底蘊，誠然，台灣保有且創發禪文化菁華一部分的「無功用行（無所求行）」，造就台灣人的「好」舉世無匹，卻只在個人層次，而始終無能在集體大義進展，因為，普羅大眾、傳統宗教流佈的，是千餘年尊君（霸權）、帝（專）制的價值系統，且台灣在歷代的外來政權統戰的先鋒，通通是「宗教先行」！

這是一個靈魂性、深沉內在結構的大議題。

當我聽到林先生出國多年後的「最大感受」，我有幾個層次的慚愧與遺憾。

慚愧的是，2、30 年來我們在台灣推展的主體意識運動，始終是絕對弱勢，只在最表象的浮面，被政治人物轉用為拉選票的工具，而我們不夠努力，做的太少，況且，我當年年輕氣盛的輕浮或傲慢，竟然不知謙虛，不知只求整體大義的進展，或說小我、自私心太大，以致於如慈林當初找我上課，我不懂得主動、義務幫忙，且長期與之合作！更糟糕的，在政黨輪替後那 8 年，反而更加萎縮不前，真是慚愧與遺憾啊！而主、客觀社會條件，自有龐雜且壓倒性的困境自不消說，而且，此等世代變革、結構議題，當然也非一蹴可幾，但無論如何，還是存有長年的扼腕啊！

日前看到前美國在台協會理事主席白樂崎的一篇「北京九號文件與台灣民主」警文（2013.10.14），提醒國人，北京習近平正在推「七不講運動」，包括杜絕「西方憲法民主」、「普世價值人權」、「獨立媒體」、「公民社會」、「市場導向等自由主義」等等，也就是說，反自由、反民主、反自覺，而鞏固其共產獨裁專制、帝制。而林毅夫、黃植誠、黑道等，原先「中華民國」叛國、叛逃的人士，皆被用來對台統戰，且更嚴重的，30 多年來，台灣宗教全面被統的人心腐蝕，毋寧是在中樞神經的最大毒害！

簡單地說，現今台灣對抗中國入侵的，正是自由民主的普世價值，以及民間自覺的主體意識，且兩者實在是一體兩面的同一件事。而林先生數十年一貫努力的，正是落在民主文化素養的培育工作，而且，他是徹徹底底身體力行、躬身示範者。

平實的根基

長年來，「……我都在茨；最近幾年，做這本（林先生送給每位隊員一本 2010 年出版的《慈林語錄續編》），我所看過的，古聖先賢的智慧，從中篩選、編輯成冊，希望可以提供國人看看、想想，能否從中得到啟發。西方國家等，他們有宗教深遠的影響，基督教對人民的影響很大，回教也是，你看印尼來的外勞，他們做人、做事就是那樣地不同款，那是宗教的影響，但咱台灣人沒啊！每項事誌，幾乎沒有給你語言、行為指導的準則，例如，人要不要誠實都還在遲疑，還在想！就連能不能說假話還在辯論；一個政治人物的政見要不要實現？政見不需要實現？還在辯、還在寫文章 ?!……你說的就得做啊，這是基本的（原則）啊！這款的文化、這款的社會，怎可能好 ?! 這是為什麼？我們欠缺一些原則可以指導行為！貪汙也可以辯護？貪汙就是不對，你就該站出來說我不對，這是人性的弱點，我錯了，

行腳隊員參訪慈林(2013.10.11；慈林文教基金會)。

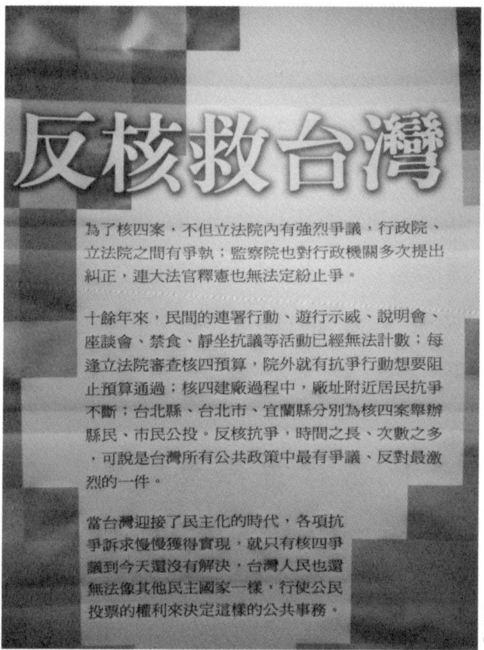

慈林展示的看板〈反核救台灣〉(2013.10.11；慈林文教基金會)。

請原諒……台灣人都為了自己的暫時方便……他們說，做政治不這樣怎行？做政治沒收紅包，選舉要怎麼選？這是台灣人普遍的現象。」

「所以我努力地去找些古早人說的，對的、好的，這本書送給你。你可以放在眠床頭，想到，看一下，看幾句。你若覺得較好的，你就打一個勾。你一定要看到這個密件（註：東西）變成你的思想、你的行為，而可自然反射……」

隨著林先生樸素、肯切的語言，我腦海中不時閃過佐賀的阿嬤、貢寮反核的耆老、我訪問過的，一張張草根的臉龐，他們平凡、質素、語言簡單而毫無矯飾；他們都是從真實生活，漫長困頓走出來的智慧，更是苦難淬鍊後的經驗結晶，沒有任何花俏。我也想起阿難在 2,500 多年前對佛教的定義：諸惡莫做、眾善奉行，而沒有那麼多偉大的道理。根本處清楚、簡單、單純。

短短的歡迎辭講完，林先生接著與隊員問答。

隊員提問：朋友及我都參加過多年前舉辦的非武力抗爭研習營，朋友後來投入社運，他深受您的啟發，做得很好。而我看慈林館的展示內容，我希望能看到一些您的思想、特色、形成過程等？

生活無事不政治，民主社會無英雄！

林先生：我有個大的觀念是，**在民主社會裡沒有英雄啦。你不要突顯個人；你自己也不要讓人家突顯你**，所以我們這裏沒有那種東西！儘量減少個人的東西，那是很基本的民主的觀念。有人這樣說，表示對「我」真好，但這樣對「民主」是不對的。個人事實上做了些什麼，當然可以講，但民主運動整百年，那麼多事情，做多少，怎可能逞英雄？

隊員：但林先生，您的社運策略不是跟別人不同嗎？

林先生：不一定跟別人不同，很多都同款，我也是學別人的……前人耕耘的非武力抗爭，為此而犧牲的人太多了！妳的好意我知道了，妳不要害我！

陳玉峯：這議題有太多面向，林先生是自一個角度回答。

隊員問：我研究所畢業後，第一個工作就是到……，政黨輪替前，很多像我這樣的年輕人，都很希望投入政治，改變社會、環境，但是為什麼到現在會讓許多年輕人避諱政治；現今許多社運團體都刻意撇清「我與政治無關」，「我不屬於政治」、「政治人物是很糟糕的」……，讓優秀的年輕人不想涉入政治，不願投身改革？（長此以往，台灣的未來？）

林先生：**政治是我們生活的一部分，沒有人能夠說我不參與政治。你不參與政治，但政治參與你的生活**，每樣事情，像你們今天走路，就是參與政治，就是要改變政治的決定，反核就是做政治，就是要改變既有的政治決定，那有說不涉政治，不可能不涉政治。公民團體說不涉政治，那是中了 KMT 的宣傳，比如說政治不好，DDP 也真否啊，甚至比我爛，所以你不要支持 DDP。好，你不支持

慈林展示的反核頭帶(2013.10.11；慈林文教基金會)。

DDP，咱自己也沒才調去選舉，讓 KMT 永遠贏 DDP。所以，公民團體要有其議程 Agenda，也就是奮鬥到什麼程度，我就要影響政治人物。反核到最後，還是政治人物在決定啊。DDP 可以當我盟友，我就吸引 DDP；KMT 裏面有委員可以加盟，我就去吸收該委員，讓我們的行動可以加速，這是一項……目前這社會，政治現況不大可能大改變！

你當議員、立委……，你要很打拚，你得做出模範：「政治人物就要像我這樣！」你若用這樣的心理、態度去做，當然你可以參選，你可以走出：「選舉就要像我這樣選才對！」不可以像以前那樣亂撫(註：台語讀如"舞")，這才是正確的心態。如果好人都不涉政治，社會如何好起來？所以，你不能對政治冷漠。你說的是傳統威權體制威嚇下的「不可涉政治、政治真骯髒⋯⋯」

藍綠共爛？但有程度之別。一定要有政治上可以跟 KMT 抗衡的力量，你把這股力量推開，不對！你不同意他，你可站出來跟他說：你不對，你該如何、如何⋯⋯

隊員：這是台灣人的個性使然！

林先生：不是台灣人的個性，是 KMT 宣傳（教化）的成功！

積小善、行大惡；有良心地做錯事，善意地做壞事

1980、1990 年代，我年度演講時而逾百場，林先生洞燭的內涵及統治強權的汙染與誤導的辨證，我講了無數次，例如，2000 年 11 月 19 日，我為創建生態系館的一場遊募演講，題目訂為：「為什麼我選擇教育作為志業？」一開頭我引述千禧年前後流傳的一則笑話：

「一群新加坡人、香港、中國及台灣人聚會，討論人民與政府的關係，他們得到一個結論。

新加坡人：政府規定不可以做的事，人民沒有人敢去做。

香港人：政府還沒有規定的事，人民趕快去做。

中國人：政府規定可以做的事，人民不大敢去做。

台灣人：政府規定不可以做的事，人民拚命去做。」

事實上，這是歷史上系列醜化台灣人、「台灣蟳無膏」的一貫誣蔑！而我從四百年來，荷治、鄭治、清治、日治，到國府統治時代，一一舉例比較台灣人民的人格展現模式，期能喚醒自覺。

近 7 年來，我則由台灣傳統的宗教信仰切入，明確釐清，台灣人本質的禪宗文化造就潛沉的良善。台灣人的「好」沒有問題，比較全球（近年來我繞大半個地球兩次），台灣人「好到爆」，問題是台灣人的好，多集中在個人的行徑，或舖橋造路、賑災救濟、搶救貓狗等等「慈善」，表現出無以倫比的同情心，熱情蓋世，但真正的問題出在，為什麼多只侷限在個人的「好」，卻無能邁向集體的好、制度的好、社會的好、國家的好或「大好」；為什麼幾個「好人」在一起，就會生出一堆「不好」？為什麼數十、數百年來，始終停滯在「積小善、行大惡」、「有良心地做錯事，善意地做壞事！」此中，包括宗教界或社會「名言」：「我們不涉政治」，也是主因之一！

現在的台灣人已經被養成「吃重鹼」的惡習，我不確定如林先生很平實的話，多少人聽得進幾寸深意 ?!

自覺、自由意志、主體意識

林先生繼續說：「……你若要涉政治，你得清楚你的目的，不是很快就要改變什麼。你要讓社會知道，怎樣才是好的！你不能放棄選舉投票，不能說都是不好的人，所以你不去選。你不去選，他們更得意（正中下懷），要知，要一下子大改變，很困難。你們有人以後要參選的嗎？」

我說多半是吧，全部都是吧?!

林先生：好啊，你就去選。但選舉足忝吔！（註：很累人！）每天透早起來，到半暝，像你們今天行腳走的路，不算忝啊。你當議員了，有的、沒的一大堆，完全沒有生活品質，那是很不簡單的。你要樹立「政治人物要怎樣才對！」……

你若選上了，咱才再擱講！

若要選舉，大家要去設計一套「看要怎樣選才對」，你每件事都要訓練、演練，構思後就要反覆演練，演練後再修訂。選舉的簡單原則就是，儘量讓人民瞭解你的意見！

「如果你選給我，我會怎樣做」……

筆者也舉去年台中的選舉為例附和，說明類似鼓勵年輕人投入選舉的做法。

接著有人提問：「馬的民調只有 9.2%，全世界最低的（註：全球倒數第二），那您對台灣前途憂不憂心，或還有什麼期待？」

林先生：**台灣前途是咱台灣人在決定的，馬英九不重要，他民調不可能高，因他的政策違反台灣人的意志，第二，他人已經被人家看破了，所以，他是過去的人，你不用談他，你要談的是你自己：「我現在是台灣的主人，我要去想我該怎麼做……做事誌必須要有計劃，要決定自己。你想去選，就不要一次選不上就煞，你得將之當成志業，要做一個好的政治人物，需要的知識、能力太多了，**

需要的修養太嚴肅了！讓你選上了，人家請你吃飯，去不去？第一次不去，第二次呢？再來呢？怎管控？家人跟你說：人家議員當得多風光，你當議員如此寒酸，還有呢？一切都得慢慢訓練出來的。

隊員提問：現今許多社運，靠著這些衝撞，靠著選票來改變一些事情，但是群眾很健忘，選舉時也不因過往誰怎樣而能作正確的選擇，您的看法呢？

林先生：那個沒辦法！只能慢慢提升選民的素質，這是長程教育的過程，你講這樣，至少你就不要忘記嘛！你沒忘，你可以到處跟人家講，朋友、家人……都提醒大家。就因為大家健忘，所以現在政治才這麼差，所以我們不能忘記啊！沒有什麼好辦法啦，人要成長。你父母養你 2、30 年，都還無法改變你多少，**一個民族要提升，也得好幾個世代累積下來吧！**為何日本人比我們先進？日本比我們較早西化，可能也有其他原因……唯一的辦法是改變自己，自己不斷地提升，影響你周邊的，再影響更多的人，也不斷地校正自己……

隊員提問：您剛說選舉是（不）簡單的事，我已經選了 4 次了，慢慢累積了方法，但在過程中有個很大的問題……可是，就不是我，那該怎麼辦？

林先生：沒有辦法！你選 4 次都沒選上，一定有原因的……

隊員插話：因為沒有錢！

林先生：**這是絕對錯誤的觀念！選舉不用多少錢**，那是

林義雄先生為行腳隊員贈書致歡迎辭(2013.10.11；慈林文教基金會)。

另外的原因，不是沒錢選不上。你若把其他原因克服了，錢就來了，知道嘛？瞭解我意思嗎？(有人回應：不瞭解)你人品不好、學識不好、態度不佳、素行不良，人家討厭你，不看重你，等等，將這些克服了，錢就進來了……

(筆者插嘴：他不是在罵你喔！大家哄堂大笑)

……我第一次選舉，幾乎沒有錢。記得親戚朋友給我的錢大概 4、50 萬元，沒用完。那時 oo 縣，也是黨外的，選個省議員要花 1,800 萬，30 年前的黨外喔，OO 黨則要花 3 千萬。當時，我事務所設了 2 桌，也沒人敢來吃啊！

人家相形之下，比較相信你。當時那種氣氛，人啊，到某種程度，會追求理想的！整個民族，大部份的人，都會追求理想……你不能選輸了，就罵人家：你們這些憨百姓，不是這樣啦，一定是你自己的問題(眾笑！)。你說DDP那些頭人，歸世人在選舉，誰用自己的錢？也沒那麼多錢。有些人第一次出來，靠的一定是形象牌。你修養好，人家加減會給一點，啊你一點兒就夠了，靠修養而不是靠錢啦！

你形象否(否，台語讀如buy)，你方法不對……人家就看不起你。這些沒有，其他就不用說了……

此時，筆者插話：

「我想補充一下林先生的說法，是有時代的落差。以前社會，那一代，一股清流或可造就特定人物，但經由2、30年下來，現今2、30歲以下的人，看的電視百餘個頻道，特別是新聞台，24小時吃、喝、玩、樂、腥、羶、下流，你可去做個統計，在這樣(視聽)環境下長大的人如何？還有，昨天、今天的新聞，大家看到的，先前一副咬牙切齒、不共戴天模樣的惡鬥，接著，笑臉迎人連握5次手，這樣教化了國人什麼？！(人要誠實，要虛偽，要口蜜腹劍，要……？)剛林先生說要教小孩誠實，還是教人虛偽、詐騙，讓所有人認為政治就是這個模樣？……所以我必須下個註腳，前輩他站在期待晚輩的自發自覺，但並非說你選4次沒去反省，有些時候實在是非戰之罪……這些都做了，真的，有些時候是眾人的迷思吧，沒關係啦，再選一次，明年我陪你選，我選里長……」

林義雄先生與行腳隊員座談
(2013.10.11；慈林文教基金會)。

林義雄先生與行腳隊員座談
(2013.10.11；慈林文教基金會)。

真愛無敵

隊員問：我們參觀了館內展示，台灣的民主進展及社會運動，……台灣整個進程、歷史，在您身上看得見，最碰觸我心的一點，就 2.28 那事件……不管怎樣原諒對方，您是如何做到「原諒」這事？

林先生：（笑）那個，不知道吔（笑）。我常碰到很多好的人，或壞的，對我很不好的人，但是，我的成長過程中，我碰到更多好人。以我家庭來說，我的爸爸、我的媽媽，他們都是很平常的台灣人，知識程度也不是多好，但是他們對我非常愛護，所以說，我從小生長在愛的環境中；我在學校，我的老師、我的同學對我好，對我非常好，這一

林義雄先生與全體行腳團合影(2013.10.11；慈林文教基金會)。

些，讓我碰到被人傷害的時候，很自然地不會去恨……因為我在社會上經常得到很多、很多人的幫助，這些人，從我坐牢、出國……其他國家對我的幫助，我也都非常感動。整個我的人生，碰到好的、接受到好的關懷太多了！接受到的傷害，那比較是意外，所以我對特別的人，沒有特別懷恨的心……，另外，你的思想。自古以來，我們所認為讓人尊敬的宗教家、思想家，他們從來沒有提倡恨，他們一定提倡愛，提倡以愛止恨……你接受這個道理，你要去實踐，比較容易去實踐……好！最後一個提問。

隊員問：馬做得這麼爛，DDP 應該有很好的機會，但我看好多人都要競選台北市長，爭來爭去是不是爭到最後連機會都流失？

林先生：(笑)我若像你這樣煩惱，早就煩惱死了。不用煩惱啦，他們那樣，你袂沒伊法咧，你沒法度咧！我們能做什麼，去做就好了。不管他們如何，DDP 總是比 KMT 較有本土意識，程度之別，你說貪污，DDP 也比 KMT 貪少一些……你無辦法嘛！目前選舉就是這樣，兩個否(台語 bai)吔，選個不那麼否吔！不是說都沒有好的人，一些個人是有啦。這是民主國家，人民可以(當家)控制就好了，不能，那就否了！

每個政黨一開始看起來都很清新，過一陣子就開始變化了……DDP 像你這麼年輕……還有一項(愛注意)，如果他看起來很 popular，大家都說他好，你得注意，他一定有做否吔！如果大家都崇拜誰，那就否啊，隨時要(懂得反省)……人家把台灣前途寄望在你身上，你驚袂驚死，咱就沒那麼蕘(音 Gau，很行的意思)。很多人接受掌聲就誤以為自己足蕘……人家以千萬人的期待放在你身上，那是何其沉重啊，驚袂驚死！被掌聲沖昏頭的人，不行。

隊員問：您昔日為反核千里苦行，現今看這些年輕人行腳，您的看法如何？是否給這些年輕人鼓勵一下？

林先生：福島核災後，有人說林義雄核四公投怎麼不作聲了？你也不出來做什麼，那是個大好機會吔。我說大好機會讓別人去把握就好了。如果台灣人不知道把握機會，我就會去講。你們今天會走，那是絕對正確地！但在過程中，要不斷地研究，怎樣讓它更好，都有技巧的；核四公投也應該檢討，看有什麼需要改進的。我們當年在走，憨憨，要過馬路時，用兩台車阻擋著走過去，結果是我們太過鴨霸，不可這樣，我們等就好了…衣服該怎麼穿？同一色就比較壯觀，雖然只有十幾個人而已……都要檢討，你們戴的斗笠，沒有台灣味，是進口貨；鞋子……都可檢討。對人發傳單，要想想說什麼，千萬不可以背對著人發，要正面且面帶笑容，雖然你已走得足悿吔，你還是得笑容迎人；你若愁眉苦臉，還不如不要發……要研究走到那裏會有人願意來聽講。辦演講會、座談會之前，你得詳加準備，要練習，要模擬那些做法。你一定要不斷、不斷提升。你若走得真悿了，你得去找新的人進來替換……

林先生真可謂苦口婆心、諄諄教誨。至此，我說：「感恩林先生的接待與分享，我就是留這段，恰好林先生幫我們講出來了。每天有新的（自我）期待，每晚有段時間沉澱反思，不斷改進。記錄一切，即使自己用不著，也可傳遞或幫助別人。無論如何，（轉身，面向林先生）高山仰止（林先生謙虛回應）！我們這些年輕人，也將締造另外一座座山頂（林先生口應：好！好！），感恩!!」

隨後，我先行離開，驅車回台中，隊員則投宿慈林文教基金會。

回程以迄於今，林先生和藹慈祥的臉龐，不時浮現我腦海。他那張圓圓又方方的慈顏，紅潤飽滿，平實可親。尋常書寫的文字大約二千個，林先生口中講出的，可能寥寥三、五百，素樸平凡得可愛。我初一見面所提出請教的議題，他多以「我不知影咧，這問題太大，沒法度回答」、「我袂不知」、「我確實不知，我沒懂那麼多」、「我不知，我做的不多；我做的不夠多」、「不要這樣說！」相應，他是誠懇如實應答。我只能跟他說：「見到您，如同我進入自然山林叩訪老樹，實在也不必多說啊！」他還是說：「不要這樣說！不要這樣說！」

他是台灣現代史、政治史、文化史上，道道地地的修行人，修出了平實、平易、平凡的真實，好似台灣的厚重，都匯聚在他一身。近年來我所探望過的人士當中，就屬林先生讓我感受最自然、愉悅，當他跟廢核行腳隊伍年輕人的談天，更流露出一代台灣的平常心。

全世界有三千多種語言，有些時候一句也用不上；有些時候三千種都講遍也不夠，一切但念念作怪啊！世間業何其多，智慧得在方寸間落腳啊，但願年輕的行腳者，受教於林先生之後，可以體悟更多，且回饋吾土吾民！

肆

附錄

20.

反核十日譚

陳月霞(1991年)

4月29日 反核

晚飯時間，我告訴丈夫我要上台北反核。

「妳要去遊行，我也要去。」丈夫說。

「嬰子怎麼辦？」我不知道屆時要將女兒托放在那裡？

「我也要去。」女兒說。

「不行！太危險了。」我想到每一次遊行的血腥報導。

「什麼是遊行？」女兒問。

「那就是 --- 抗議！抗議！」丈夫一邊舉握拳的雙手，一邊高喊。

「抗議什麼？」女兒問。

「抗議他們要蓋一個很危險的工廠。」我說。

「蓋起來會怎麼樣？」

「如果那種工廠爆炸起來，台灣就完了。」

「台灣就會溶掉了嗎？」她詫異的搓磨小指頭問。

「對！」丈夫笑著插嘴。

「爆炸起來會死很多人，可能全部的台灣人都會有危險；」我說，「現在已經有三個這樣的工廠了。」

「啊！已經有了這種工廠!?」女兒露出驚愕的表情。

「對！它們並不是一定會爆炸，但是蓋得愈多，爆炸的機會愈多，愈危險。」

「爆炸以後，人都會死？」

「不一定，有的會死，有的會生出沒有腦的小孩。」

「還好！妳已經不生了。」她放心的微笑。

「可是，還有很多人要生啊！」我提醒她。

「對喔！如果正在生的一定很危險。」畢竟是小孩子，思考很純真。

「那種危險不是只發生在爆炸的時候而已，而是會一直危險好久好久；」我解釋，「因為那是一種看不見也聞不到的東西，有點像毒，但又不像，很難跟妳解釋清楚；總之，那是很危險的，它不僅會害人，也會讓泥土中毒，種出來的東西都不能吃，而且好久好久以後人生出來的小孩也都是有病的。」

「哦！我們每天都必須吃菜，種出來的東西都不能吃！那是太糟了！我們都要餓死！」

「所以我們要去遊行抗議，不讓他們蓋。」

「叫警察！」她充滿正義的說。

「警察是幫他們的。」我說，丈夫笑起來。

「啊！警察不幫我們!?」她異常驚訝。

「對！我們在遊行時,也許警察會打人。」

「用槍？」

「不是，是用棍子，還有噴水。」

「哦，那一定很涼快。」她天真的抖動身體，然後又問：「阿兵哥呢？」

「阿兵哥也是他們的，有時候他們也會用阿兵哥來擋我們。」

「還好！爸爸已經不當兵了。」她依舊只念及自己親人，可是放心了爸爸，卻又提心表哥：「不過，姑姑的小孩還在當兵！」

「不會叫姑姑的小孩，因為他在南部，遊行是在北部。」

「哦，叫政府不要讓他們蓋啊！」她又想出好點子。

「天啊！就是政府要蓋的啊！」我和丈夫不約而同的回答，「所以我們才要去遊行。」

女兒憤怒起來：「這樣的政府，我們不要他。」

「對！我們不要這樣子的政府。」我和丈夫都附和。

「我們可以換一個政府。」女兒真不愧是民主幼苗。

「可是，換掉政府要好多好多人一起來，只有一些些人是不夠的。」雖然被女兒喚醒了民主的根本理念，但是我很快的又回到現實。

4月30日　為什麼要反核？

五年前的今天，蘇俄車諾比爾核爆事件不久，我和丈夫正在台灣的高山絕頂工作。那是我第一次不敢坦然飲用一向潔淨無污染的山泉，也是我第一次對淋浴高山雨水有著深深的憂慮，我尤其不敢直接面對高山上暖陽的撫觸。在那不食人間煙火的境地，我竟然劇烈的感受到「人間煙火」的威嚇！

更早之前，我對核電的恐懼，是搬到墾丁國家公園與核三廠為鄰時。當時許多因為害怕核電廠而遷離恆春的朋友直笑我的勇敢。我只能說，居墾丁一年多，我是依賴祈禱渡過來的。雖然我向來教導我的小孩，化解恐懼的方法，就是直接面對恐懼，瞭解它。但是很遺憾的是，幾年來，對核電我不但無從面對，無從瞭解，相反的它的作業神祕性與安全神話性，構築了我與日俱增的恐懼。

過去，我的恐懼，是對核電的不解。近來，我的恐懼，卻是對當權者貪婪無度以及齷齪的愚民政策。

世界地球日的隔天，核一與核二在短短十六分鐘連續跳機。如果這是為了要教訓老百姓以達到推動核四廠的目的，這樣的方法，委實低賤下流。如果這樣的跳機屬實，則我們怎麼樣也不能再生產第四座核電廠。因為我們無法接受一個能力不足的母親，在她生下三個小孩已疲於防範子女頻頻製造問題時，還要生產第四個小孩，這對母親和整體社會都是殘忍的。

「如果嬰子沒有人照顧，我一個人上去，你留下來陪她。」晚上吃飯時，我把決定告訴丈夫。

「我怎麼可以讓妳一個人去？我上去，妳留下來。」

「是我先說要去的，應該讓我去。」

「我們應該一起去，嬰子也一起去好了。」因為爭執不下，丈夫這樣說。

「不行。」我不答應。

「這是合法的遊行不會有事。」

「難說，怕會有突發事件。」媒體慣有畫面浮上我的腦海。

「聽說這次要集合一萬人，我想不容易。」丈夫說。

「環保聯盟動用全台灣的環保人員，也許人數不少。」我說，「學生呢？應該也不少。」

「這次學生不會太多，因為情治單位盯得緊，教官都干預。」丈夫大概是從學生那裡得到訊息。

「這次是不是全台灣的人都要去遊行？」靜靜吃飯的女兒突然問。

「哈！如果是就好了。」我和丈夫一起回答。

「如果全台灣的人都去抗議，這個政府會倒嗎？」她溫溫的問。

「會，我想不用全台灣的人都去。只要有一半，這個政府就倒了。」

「妳們這次有一半的台灣人嗎？」

「沒有，大概只有 --- 兩千分之一。」回答女兒這個問題之後，我感覺一股悲涼湧起。

5月1日 台電點燃了我的火

一早起來攤開報紙，台電<野火請慢點燒>的全版廣告立急點燃了我的怒火。原先我僅考慮要去反核，現在我知道，我一定要去反核。尤其翻閱頭版新聞，見到那則「劃時代的宣告——動員戡亂時期宣告終止」；我的臉孔和出現在報端的李總統一樣，都很沉重。

事實上，太多反諷的劇碼，最近一連串的上演。1986年4月26日，蘇俄車諾比爾核能發電廠發生有史以來全球最慘重的核能災變，五年後的同一天，全球各地都為這個災變做追蹤檢討，我們的報紙也清楚記載：「車諾比爾災變使得蘇聯西半壁、歐洲及堪斯地那維亞半島都深受其害。當年迫使一萬名居民避難他鄉，災變現場附近一千平方公里的地區仍將封閉數十年，至少有五百四十人直接因災變而喪命，其輻射塵至少已導致五千人死於癌症及其他疾病，未來七十年內，全球將有四萬人因車諾比爾災變的遺害而罹害癌症。」然而，就在同一天，行政院緊急召集經濟部長、內政部長與台電相關高級主管會商，針對核四廠的興建做成重大決意，証實，政府已決定自下週起展開一連串為興建核四暖身的具體動作，希望在「民眾對新電源需求已有切膚之痛的時候」，進行核四「復活」大反攻。我覺得這樣的政體，未免戲劇化得令人毛骨悚然！

雖然很難過，但是我還是去上課。

今天討論的議題是 A Philosophy of Technology（科技哲學）一書裡的第二單元 Do Artifacts Have Politics?（人造物有沒有政治?）文中作者引出 1970 年世界地球日總召集人（亦是影星珍芳達的前夫）Denis Hayes 的話：「一旦有很多的核能發電，為了維持核電的運轉不斷，政府不得不訴諸於獨裁的手段；」他又說：「使用太陽能的社會，充滿了較平等、自由與文化多元性。」

接著作者引用相當多的實例，說明科技的三個層面。第一層是「技術決定論」，也就是普遍大眾所信任的科技萬能。第二層是「社會決定論」，也就是促成科技的社會背景，如果舉台灣的例子，則數年前安全帽事件可做為典型實例。在那個年代，安全帽不僅被附予科技的「安全」神話，同時還勞動警力，為安全帽賣力。而促銷安全帽的當時社會背景是，某特權人物，因為其所經營運的塑膠原料滯銷，為了促銷塑膠原料，於是有了安全帽的安全科技神話。第三層是「科技的政治論」，亦即科技本身的特徵，所導出的政治走向；例如軟性的能源科技 --- 太陽能，所導致的政治是民主、平等、自由與博愛，因為這是以人類為主的科技，不但能一直反應對人的關懷，亦能使資源得到永遠的使用；硬性的能源科技 --- 核能，所導致的政治則是集權、獨裁、專治、不顧人民死活，因為這是以制度為主的科技，它關心的不是人類本身，而是制度的運作，像經濟持續發展等。所以，科技有獨裁科技和民主科技。

最後作者提出，高科技產生的背後隱憂：「一個崇尚科技萬能的社會，將走入獨裁的科技，而獨裁的科技促使一個國家，形成獨裁的國家；一個崇尚獨裁的人，會使用獨裁的科技，使國家形成一個獨裁的國家。」

上完課，我的心情更為沉重。但是，我對反核的理念，有了更清晰的脈絡——「反核是為反獨裁」原來並非政治術語，而是一種學術理論。

5月2日

〈野火請不要燒〉的全版廣告，右下方寫著：「面對短缺的能源和強烈的電源需求興建一座進步型的核能電廠。」台電這種因為「很需要」而行動的方式，如同「因為內急，而隨地大小便一樣」，用這種相當低層次的道理唬人，委實叫人「內急」！

最近以來，我們縱容台電每天花掉四百萬人民血汗錢作廣告，而他們作出的品質竟只是如此低水準，這叫我們如何能冒險的讓他們再駕御「一座進步型的核能電廠」?

遺憾的是，縱使我們不願意拿自己的生命開玩笑，但是當執政者嗜好科技已像患上安非他命一樣的難以自拔時，誰來救我們?毫無疑問，我們只有自救。

中午，丈夫帶回來不好的消息，遊行申請不通過・我們表情都一樣凝重，而我們深信反核必須遊行，尤其當執政當局正如火如荼的藉各種媒體大肆宣傳核電時，我們心焦如焚。

下午，我到學校和老師商量，代為照顧女兒的事。

晚飯的時候，我們的話題還是反核。「真的很多報紙都不報導反核了。」自從 4 月 30 日報導：行政院決定展開一連串活動，爭取國人接受核四廠，媒體接獲指示，不要再作反核報導全力配合既定政策。這以後我對核能事件報導就特別用心：「不過有些報紙卻相反的，大幅大幅的寫。」

「聽說這次只有三千人要參加。」丈夫說。

「都被嚇到了。」

「沒辦法，他們太毒了。」

「媽媽！妳說，是生命重要？還是水電重要？」

「當然是生命！沒有了生命，水和電還有什麼用？」

「既然是這樣，他們為什麼還要蓋那種東西？」

「是啊！」我回應女兒，然後把眼神投向丈夫：「難道他們不怕死？還是他們不知道那種東西的可怕？還是他們拒絕去知道？還是…」

「也許他們不知道，不！我想他們可能知道。」

「既然知道，為什麼還要去蓋？」

「對呀!?」女兒也不解。

「我想是權利沖昏了頭，為了自己的利益，不惜一切。」

「哦，他們只是為了錢，就對國家那麼不好，不管人家死活!?」女兒格外不滿。雖然她把「權」誤成「錢」，但是對大多數的人而言，權和錢是等號的，丈夫順著女兒的話：「對！他們要讓『你死我活』。」

「媽媽！那種東西，妳不是說已經有了嗎？」

「是呀！已經有三個，但不能讓他再多蓋一個。」

「為什麼？」

「如果妳在一個有一隻老虎的房間裡，那隻老虎有用鐵鍊鍊著，我告訴妳，它被鍊著，沒有危險，但是妳還是會怕？」丈夫這樣問女兒，女兒點點頭，丈夫又說：「因為萬一鍊子斷了，牠會咬妳。」女兒瞪大眼睛點頭。「如果現在有另一個房間，裡面鍊著兩隻老虎，妳是不是覺得這個房間更可怕，因為雖然兩隻老虎都被鍊起來，但是只要其中一條鍊子斷了就有危險。所以兩隻老虎比一隻老虎的房間還嚇人。如果在一個綁有三隻老虎的房間，妳會不會覺得更可怕？現在我們已經有三個核電廠了，如果再蓋一個，那會更可怕。這樣妳懂了沒有？」

「我懂了，所以不能讓他們再害人，他們為什麼那麼不愛所有的人，只愛錢!?」

5月3日 箭在弦上

中午知道遊行核准，只是還在爭取更理想的路線。

我和丈夫開始準備北上事宜，為節約能源，我們打算搭主婦聯盟台中工作室的遊覽車。可是下午傳來的消息是，工作室頻頻遭到警察的「關切」，主婦聯盟因不堪其擾，已經取消租車，人員個別改乘其他交通工具北上。

「按照他們現在的阻擾方式，5 月 5 日恐怕我們會進不了台北，我看我們還是提前一天北上。」反核於我，勢在必行，所以我提出這樣的建議。最後我們決定 4 日晚上自己開車先到台北過夜。

晚上帶女兒看牙醫，在診所看到電視上，一名自稱在核電廠工作十年，有美滿家庭的女子，介紹原子彈與核子的不同，並用酒精與啤酒，來比喻爆炸的問題。這讓我想起昨晚，丈夫講給七歲女兒聽的三隻老虎的故事。

我們原來就不太看電視，自從核電的廣告夾帶在新聞中，恐嚇與誤導民眾以後，我們家的電視就完全不開機了。就節約用電來講，執政當局這一招，是奏效了。

5月4日 台北的天空很蘇俄

一早看見台電〈核電並不可怕〉的全版廣告；廣告的左中央寫：事實一，蘇俄車諾比爾跟我們完全不同；右下方：事實二，美國三哩島核能電廠事故，記取那次教訓，我們的核能……接下來是：「讓我們靜下來；瞭解事實，大家都會更理性！」

以上是台電的片面之詞，然而，事實是，美國自三哩島事故後，已經有十年不再蓋核電廠；蘇俄車諾比爾災變五年後，蘇聯人仍籠罩在災變陰影中，但其政府卻仍執意推動核電計畫；民主與獨裁，由此可分出端倪。毫無疑問，本質上，台灣政府是比較接近蘇俄。所以蓋核四就蓋核四，老百姓算老幾？蘇俄跟我們其實是「很相同」的。

下午北上，收費站有大批警察盤查車輛，不知是否針對反核而來？感覺挺恐怖的。

晚上來到台電大樓，有人告訴我，熱鬧已經過了。這人指的熱鬧，是白天的一些衝突事件。只是，我到台電並不是來看熱鬧，我是來感受一些真性情。大概因為沒有直接參與，僅就一名旁觀者來說，我是沒有什麼說得上來的感觸。倒是對台電大樓裡的上千名（有人說三千名）警察，我有一股莫名的矛盾。一開始聽說有三千名警察嚴整待命，我不相信的往大樓裡瞧，貼緊玻璃，果然望見上千名警察，剎那間，我被自己朗朗大笑的聲音給嚇了一跳。本來看見上千名持武器的警察，並沒有什麼好笑 ，是因為我事先看見數十名手無寸鐵的「文弱師生」，祥和的坐在地上唱歌說話，然後再看見聲勢這麼浩大的場面，以致於我不能自已的失態起來。

我掩著大口，匆匆離開台電大樓，感覺台北的天空很蘇俄。

5月5日 反核救台灣

上午我和丈夫穿上反核T恤，一件白底藍字與綠字的上衣，前面橫寫「反核」兩個大字，後面則直訴「驅除蘭嶼惡靈」。穿上反核衣著，等於告白了自己的立場。

從台灣大學往台電大樓的路上，我們遇到丈夫的兩名學生，丈夫熱絡和他們談論遊行，兩名學生卻尷尬起來。原來他們專程由中部上來，是為了參加考試。「哦，你們是上來考試！對啊！今天是研究所筆試，考得怎樣？」丈夫關切的詢問，並且叮嚀他們再接再勵。

在台電大樓，我又看見服裝整齊的年輕警察，他們站出大樓，鎮守前庭。陽光下，他們看起來是那麼清新，我想過去和他們拍照，但是他們手上的棍棒適時提醒了我——我們不是同一國的。

折返台大的路上，有許多人發反核傳單，在這一帶，我們的服裝和環境的氣息是一致的。兩名額頭繫著反核布條的老年人，和我們熱情微笑招手，「啊！現在台灣就要看你們這些少年郎啦！阮已經沒路用了。」其中一名這樣說，我把臉別向泛白的天空，眼眶匡著淚。

下午一點，我們整隊出發。

隊伍行進中，宣傳車每隔一段路就重複一次：「親愛的台北市民，我們今天出來遊行，帶給你們一些不便，我們覺得很抱歉。但是，我們必須出來走街頭，因為我們沒有台電那麼多錢，可以作廣告。他們用五千萬在電視、在報紙作廣告，我們只能用我們的雙腳，踩在街頭，腳踏實地，一步一步的說出我們的理念。台電一直騙我們，台電一直用我們的錢在騙我們。所以為什要出來走街頭？為了～」「反核！」我們回應。「為什麼要反核？為了～」「救台灣！」緊接著宣導車呼喊：「反核！」我們回應：「救台灣！」一時之間「反核！——救台灣！」的聲音響徹雲霄。這是我從來沒有體驗過的感覺，一種人性至美的精神力，深深的感動了我。

但是，在水源路附近，我們「反核——救台灣」的呼聲甫一結束，一名著深色西裝的碩大男子，卻唐突的切過我們的隊伍，當他握拳高喊「中華民國萬歲」，我有一種強烈的時空倒錯感。

靠近和平西路，我們無意間看見中午碰面的兩名學生，也綁著布條，走在隊伍裡。「哇！他們也來了！」我意外驚喜，「我相信有不少人，因為沒有參加這次遊行，覺得不好意思。」我想起了將女兒托給老師的時候，站在一旁的老師的先生，捎捎頭，不好意思的說：「是啊！是該反核，但是我是心有餘而力不足。」我相信這樣的人非常多，但是在民主社會裡，除非自己行動，否則只有錯失做為一位民主人的權益。

金山南路與信義路的路口，一輛小貨車，兇猛地衝向隊伍。眼看隊伍沒有退怯的跡象，小貨車遽然止住。但是這一莽舉卻引發遊行隊員的不滿，有一個人衝上貨車，而更多的人勸回這名被激怒的人。小貨車也在交通警察的勸導下，百般不願的改道；猛烈的加油聲與輪胎急轉聲，在在道盡了小貨車的不滿。這一幕我全然看在眼裡，民主的道路，實在還很遠，而起步卻是這麼艱難。

所幸，並非所有局外人都叫人悲觀，就在我們轉入忠孝東路不久，三名圍觀的路人，加入行列。由於沒有黃布條，他們顯得不太自在，我趕緊幫他們找來布條，有一人毫不猶豫的往頭上綁，另兩人則怯怯的將布條繫在手臂。宣傳車繼續招喚路人：「不要不好意思，勇敢的走出來，講出你的心聲。」

「我們是一群勇敢的母親，為了孩子，我們走上街頭！」這是一群媽媽的聲音。聽著聽著，我想起了我的女兒，我覺得讓她錯過這麼好的一次實習民主的機會，實在可惜。這種遺憾在點臘燭、傳薪火時尤其覺得美中不足。

5月6日 革命尚未成功

反核的聲浪終於沖垮了權威的指令，各大報皆以整頁的篇幅，報導遊行的過程。相對於反核的氣勢，台電的廣告無形中矮了一大截，而且明顯的有愈來愈混淆視聽的意圖。

下午與女兒見面，她很關心遊行的結果：「怎麼樣，他們是不是已經不蓋那種東西了？」

「那有這麼容易！他們還是要蓋。」我為女兒的天真發噱。

「嗄！這樣子，他們還是要蓋！」

「是呀！他們還說，我們到底做錯了什麼？你們為什麼要這樣對我們？」我將台電官員的話轉告給她。

「啊！他們到現在還不知道他們作錯的事？」女兒覺得他們很不可原諒。

「他說，我們只是很努力要給你們電。」

「如果命都沒有了，電有什麼用？」她很生氣。

「沒有辦法，他們不那麼認為。」

「他們實在很像那種不聽話的小孩，我們告訴他那裡有水不要過去，他就是不聽，一定要滑倒了才知道。」

「對！對！對！他們就是這樣。」我真是服了女兒的比喻。

晚上給母親電話，聽到我去遊行，她相當驚訝：「什麼？妳也參加有份!?」

「沒辦法，台電太亂來，他們一直作廣告在騙人。」

「不是說不夠電，才要起核電廠？」

「媽媽！那不是夠不夠電的問題。」

「要不然是什麼問題？」

「唉嘎！妳又不是不知道中國官？」我想起了數年前，隱居南台灣的陳冠學先生來信這樣寫著：「馬可士在菲律賓建一核電廠，得回扣八千萬美元，聯合報詳載此事。」

5月7日 同志仍須努力

頭版新聞，赫然十個大字「核四廠復工　大約在明春」。

「媽媽！現在台北縣的人，有沒有都逃掉了。」天黑的時候，女兒出人意表的這樣問。

「沒有啊！要逃去那裡？」我有些詫異。

「逃到台灣的南邊去，越遠越好。」

「南邊也有兩粒很大粒的。」丈夫笑著說。

「嬰子啊！逃跑不是辦法。如果用逃跑來躲事情，永遠都逃跑不完，因為，並不是只有一個地方會發生危險。台北縣的人為什麼要逃跑？那是他們的家，他們應該阻止危險的東西蓋在他們家附近，而不是東西還沒蓋，光是跑。何況要建一個家是非常不容易的。」經我這麼說，她於是問：「台北縣的人都去抗議了？」我一時不知道要如何回答，因為答案是令人失望的。

5月8日

台電祭出了員工的人頭，以半頁的篇幅廣告〈幸福的賭注〉，其中「十幾年來，看著核能電廠內的機組，十分穩定的運轉」，這種字眼，不禁令人聯想誇大不實的壯陽藥品廣告！

5月9日

「獨台會」案發，其中廖偉程被指「參加五〇五反核事件」，至此反核新聞，暫時告一個段落。

後記：那天女兒忿懣的說：「讓他們爆炸一次，他們就知道！」孩子的氣話是天真的，事實上，核四廠的問題，並不是簡單的三隻老虎，也不是酒精和啤酒的試驗；更不是電源不足的問題。當我冷靜下來重新思考這個問題時，一則新聞又觸動了我另一層迷思。新聞的標題是：澳總理指稱不能售鈾給台灣，指我並非反核子擴散條約簽署國。內文有：我國保證決不進行核武研究。

【原載1991.5.25~27自立早報；收錄於《跟狐狸說對不起》張老師出版社】

註：這是發生在距今(2013年)二十二年前的反核實錄，當時剛解嚴，媒體幾乎全部在國民黨政府的掌控中。沒有網路，民眾唯一衝破藩籬的方式，只有走上街頭。

〈非核家園〉

註：

1991年，首次上街頭反核，寫了「反核十日譚」。

2001年，我在澳洲，接到台灣日報副刊邀約為〈非核家園〉撰稿。

2013年，我在台灣，出席《廢核四百萬人環島接力行腳》記者會。

事隔22年，我還在為反核而言、而寫、而走，生命有多少個22年？

撰寫〈從世紀恐怖份子手中圓一場非核家園的夢〉一文，是坐在澳洲雪梨最舒適的公園。現在和大家分享，當年反核與當今廢核的時空流轉。

〈非核家園〉從世紀恐怖份子手中圓一場非核家園的夢

陳月霞(2001年11月於雪梨)

妳／你相信嗎？主張興建核能電廠的人是世紀恐怖份子！

正當全球各地狂歡地迎接與慶賀二十一世紀的來臨，孰料就在二十一世紀的第一個年度，世界卻發生震撼全球的恐怖事件！這場世紀惡夢從九月十一日延續到今天，事件非但不見平息，相反的更有越演越烈的趨勢。

十一月，正是台灣秋高氣爽的日子，遠在地球南端的澳洲正值春暖花開；就在此時我在澳洲接到來自台灣的電話，為「非核家園」撰稿；就在此時我讀到澳洲報上斗大的新聞標題「美禁飛機飛臨核電廠」、「美三州加強保護核電廠」。一時之間台灣、美國、澳大利亞，東半球、西半球、北半球與南半球，三岸三地，恐怖組織與核能電廠等一股腦的湧現。而我也在無意間發現，「主張興建核能電廠的人是世紀恐怖份子」。

恐怖份子與核能電廠到底有什麼關聯？

據聞由奧賽瑪・賓・拉登所領導的恐怖組織將在十一月對美國發動另一波的恐怖攻擊，美國除了對全國各重要據點加以戒備之外，聯邦航空總署更特別對美國八十六處敏感的核能發電廠附近空域施行多項限制，直到危機解除

陳月霞介紹來自日本福島的聖子(2012.3.11)。

來自日本福島的聖子(2012.3.11)。

為止。核能電廠既然固若金湯，又何以擔憂恐怖組織？

毫無疑問，在這場反恐怖主義的戰役，美國主動幫恐怖組織在境內安裝了八十六顆以上的超級「核能炸彈」，這些核能炸彈一旦被引爆，則世紀災難將無遠弗屆。由此可見核能電廠與恐怖組織，已演變成密不可分的共犯結構體，而在這動蕩不安的世局，主張興建核能電廠的人無疑的也是世紀恐怖份子的共犯或一份子。

台灣境內，不但已經擁有六顆（三座核能電廠六個核能反應爐）核能炸彈，如今又繼續在安裝一座核能電廠（核四）、兩個反應爐，一旦發生戰爭，可想而知台灣這蕞爾小國將萬劫不復!?

陳月霞陳述反核(2012.3.11)。

反觀擁有台灣三百五十倍土地面積的澳大利亞，境內居然沒有任何一座核能電廠！在澳洲雪梨湛藍穹空之下，遙想台灣美麗的家園，委實情何以堪 !?

可以說台灣的核電問題，一直是台灣注重環保議題的民間團體或老百姓的痛楚。從單純的反核到對反核理念的認知甚至於到信仰，台灣子民到底要走到哪時，才能有個安穩的無核家園？

1986 年 4 月 26 日，蘇俄車諾比爾核能發電廠發生有史以來全球最慘重的核能災變，每一年的同一天，全球各地都為這個災變做追蹤撿討：「車諾比爾災變使得蘇聯西半壁、歐洲及堪斯地那維亞半島都深受其害。當年迫使一萬名居民避難他鄉，災變現場附近一千平方公里的地區仍將封閉數十年，至少有五百四十人直接因災變而喪命，其輻射塵至少已導致五千人死於癌症及其他疾病，未來七十年內，全球將有四萬人因車諾比爾災變的遺害而罹患癌症。」一個核能災變，就足以導至如此重大的傷害，那麼兩個、三個、四個甚至於無數個？生命的價值與意義到底能安置在哪裡 !?

曾經我們相信「反核是為反獨裁」，然而台灣從國民黨一黨專制的時代到解嚴，到政黨輪替，顯然已逐步進入民主的社會，但是出乎意料，當年以反核起家的政黨執政之後，台灣人民居然依舊無法擺脫核能的威脅！

2001 年 2 月 24 日，在核四廠經過幾乎讓台灣執政黨政權癱瘓的風暴而再度借屍還魂之際，台灣子民唯有再度走

2012 年 3 月 11 日 (2012.3.11)。

上街頭。

224 反核大遊行與過往最大的差異在，台灣人民的反核從以往對政黨的寄望到對政黨的破滅；反核人士以往以為反核政黨執政是解決核能問題的根本，到如今終於覺悟「政黨輪替，事實上解決不了核能問題」，反核人士必須從過去對政黨的寄望，走入對人民的期待。換句話說，必須付予反核更堅定的信念，同時也要進入全民反核的教育認知階段；所以 224 反核遊行最主要的訴求點是「公投」。但是在台灣人民長期接受國民黨的「擁核催眠洗腦」之下，可以想見，現階段反核即便訴之公投，勝算仍

陳月霞與聖子 - 是聖子首次參加街頭遊行 (2012.3.11)。

岌岌可危。然而，無論如何，公民投票的推動，是人民擺脫政黨箝制的有力方針之一。

224 反核的認知，也應該由過往停留的單薄政治面走向更宏觀深層的生態思考。於是在這次的反核游行中，陳玉峰教授提出「反核是一種道德」的呼籲。這裡所謂的道德指的是對土地倫理的道德、對世世代代子孫的道德。

眾所周知，核廢料的危害，不是十年、二十年的問題，是百年、千年，甚至於萬年的問題。我們實在沒有權力因一己短暫的經濟利益，而讓土地承受那麼巨大的禍害；更不能因為這一代的利益之私，而讓以後世世代代子孫為我們永久付出代價；這當然是「道德」問題。

224 反核大遊行，可以說是台灣歷年來規模最大的一次，雖然距原先規劃的十萬人還有一段距離，但是五萬多人的場面也是前所未有。特別是在過往總是全力動員而參加人數多佔第一的民進黨刻意低調低出席率的情況之下，此次的人數之多更代表了台灣的反核業已逐步擺脫政治味，而邁向真正的人民需求。

然而，224 反核大遊行最大的遺憾乃在於媒體。

以當天的見聞為例，從一開始 TVBS 的記者便上到我們的指揮車上面，除了出發前在集合點中正紀念堂捕捉一些畫面之外，他們幾乎沒做什麼。等到隊伍開動，一男一女兩名記者依然在我們的車上；然而沿途任憑指揮車上的人員講出多讓人動容感人的話，他們皆無動於衷，也無任何行動。後來他倆下到地面跟隨遊行隊伍行走。就這樣安靜的走了一個多小時，突然發生一樁小得不起眼的衝突，這兩名記者趕緊抓住機會，臉上浮出令人作嘔的血腥表情，異常「敬業」的逮獲那畫面。

當天晚上所有的電視台大肆報導 224 反核大遊行，除了簡要報導集合場面、遊行隊伍，以及在總統府前以寫著公投的兩粒大氣球推倒擁核立委與惡靈之外，其他在 4 個多小時遊行活動中，反核人士最精華的發聲全被忽視，而只一味的誇張零星小衝突，尤其經過國、親兩黨黨部的畫面；更喪盡天良的是 SET 新聞台，由於此次遊行並無任何火暴畫面，他們居然將去年國民黨黨部被黨員暴力相向的火爆畫面移花接木上去，螢幕上還斗大的寫著「反核遊行群情激憤」等字眼。

經過這次的經驗，我體驗最深刻也真正認識到，台灣人民的公敵，無疑地是那些惡毒的媒體。他們除了刻意抹煞反核的有力聲音，更惡意將反核人士扭曲成暴戾之徒，這樣居心叵測的媒體委實也是世紀恐怖份子啊！

從九一一美國恐怖事件發生以來，全球一致譴責恐怖主義，特別在這一波波的譴責聲浪之下，核能電廠嚴然成了下一波的恐怖引芯！換句話說，因為恐怖組織的蠢動，再怎樣堅固的核能電廠都難逃「不定時炸彈」的情況之下，這樣的訊息對台灣擁核人士是否有所警惕？這樣的訊息是否能消除藏匿在台灣內部的核能恐怖主義？

一個足以讓百姓安居樂業的非核家園，對台灣子民而言，是一個多麼艱鉅遙遠而不可及的夢。「有夢最美」，曾經台灣新的執政黨如是說，然而台灣子民過去在一個最美的夢境幻滅之後，如今必須重新再編織另一個完全獨立於政黨之外的自己的夢，而那個夢依舊是土地倫理與道德的最基本境地--「非核家園」。

雪梨的土地很美，可是家在台灣，根是台灣，即使台灣已然佈達為數眾多的「不定時炸彈」，但是清除「炸彈」是台灣子民的共業。兩個禮拜之後我將從澳洲飛回台灣，但願能夠從一個非核國度浸染一絲福份，圓一場「非核家園」的夢。

22. 照片記錄

(2013 年局部；陳玉峯攝影)

22-1. 2013 年 3 月 9 日台中反核大遊行之後，主婦聯盟等環保團體鑑於台中地區環保團體可以團結，蔚為反核更大力量的展現，要求筆者出來擔任總召，而於 3 月 21 日假台中主婦聯盟辦公室，召開由筆者擔任主席的第一次「中台灣廢核行動聯盟」會議。自此，以迄 6 月 9 日第六次會議筆者辭退總召為止，奠定中盟組織結構、財務透明、行動計畫等等運作，筆者亦自行捐款等。俟組織進入常軌，筆者回復過往罕與其他團體互動的研究生涯慣習。圖為 3 月 9 日台中反核遊行。

22-2. 台中反核遊行(3 月 9 日)後，至市政府前廣場集會，筆者曾上台短講。

22-4. 民進黨社運部李世明主任(右)、副主任洪村銘(左)，於 2013 年 4 月 11 日來台中拜訪中盟。圖中左蔡智豪先生，中右即筆者。

22-5. 中盟活動之一，訴求廢核免公投 (2013.4.12；台中勤美術館記者會及反核插畫展)。

22-3. 中盟第二次會議後合照(2013.3.31；台中市山林書院辦公室)。

22-6.2013 年 4 月 15 日中盟會議後合影，圖右起，站立者第四位即反核第一、二代健將之一的粘錫麟老師，這張圖片殆為粘老師最後一次與環保朋友聚會的留影，他於 4 月 23 日中風倒下，8 月 7 日往生。

22-7.2013 年 7 月 4 日全國環保界於鹿港文武廟廣場，為粘老師舉辦追思、敬悼「台語歌謠音樂會」。圖為粘老師弟弟及家屬致謝。

22-9. 中盟反核活動藝文化，圖為 2013 年 4 月 20 日假逢甲大學禮堂表演的小朋友。

22-8. 粘老師追思會上，來自高雄後勁環運耆老與北、中部老友合影。

22-10.2013 年 4 月 27 日，山林書院假台中惠文高中培訓反核義士。

22-11.2013 年 5 月 12 日，筆者應許龍俊醫師之邀，前往台北，首度與曹偉豪先生認識，立即引介其來中盟擔任秘書一職。圖左起：劉坤鱧先生、曹偉豪先生、王麗萍小姐及許龍俊醫師。曹蘊釀廢核行腳構思。

22-12. 筆者代表中盟參與 2013.5.19 台北反核遊行。圖左為施信民總領隊；右為張國龍授（環保署前署長）。

22-13.2013.5.19 反核遊行中的「守護金門我反核，烏坵不當核廢場」，呈顯小島台灣核廢貯存的困境。

22-14.2013.5.19 反核遊行中的「核電重災區北海岸災民大隊」，明示台灣經不起一次核災的打擊。

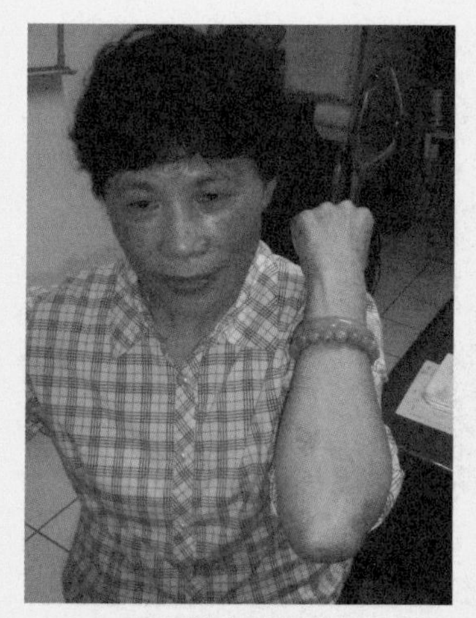

22-15. 環保鬥士陳椒華教授呈示曾遭黑道打傷的疤痕(2013.5.21；彰化市；筆者口訪陳椒華)。

22-16.2013.5.23 中盟秘書處工作會報，左起蔡智豪先生、曹偉豪先生、許心欣小姐(台中，山林書院)。

22-18.2013 年 5 月 26 日，筆者參與反核包圍立法院活動，並於晚會演講。

22-17. 山林書院吳學文、郭麗霞伉儷擔任反核、廢核幕後工作推手(2013.5.24；埔里虎子山)。

22-20. 2013.5.26 包圍立院行列，筆者與王小棣導演(圖左)合影。

22-19. 2013 年 5 月 26 日，筆者參與反核包圍立法院活動，並於晚會演講。

22-21.2013.5.30 筆者前往立法院，參與施明德先生召開的記者會。

22-24. 反核第一代戰將之一的林碧堯教授(2013.6.1；虎尾)。

22-22.2013.5.31 筆者前往台北自由廣場五六運動作反核演講。

22-26.2013 年 6 月 9 日夜，筆者於中盟會議中辭退中盟總召集人名相，站立報告者曹偉豪先生(台中，山林書院)

22-23.2013.6.1 筆者前往雲林縣虎尾，為「雲林縣廢核聯盟成立大會」作專題演講。

22-25.2013.6.9 筆者參與搶救台中茄苳公活動中，呼籲市民站出廢核。

22-27.2013.6.21 環保團體會集於山林書院，討論水土保持、國土環境災難議題。

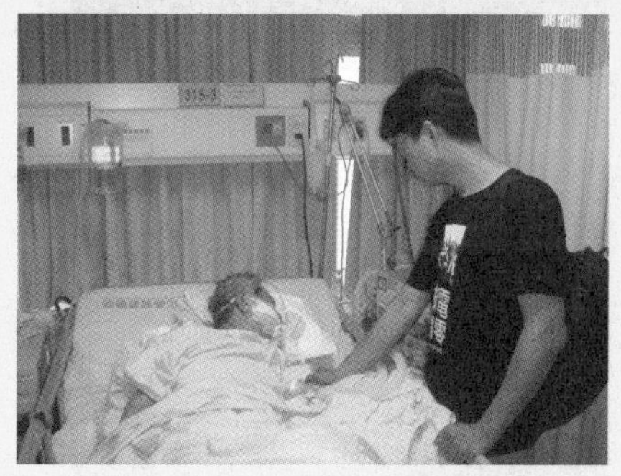

22-28.2013.6.23 蔡智豪與筆者最後一次探訪昏迷中的粘錫麟老師（彰基）。

22-29.2013 年 6 月 26 日筆者拜請青壯環運朋友廖本全教授、李根政老師、蔡智豪老師、蔡嘉陽博士、余國信先生（另二、三位要事未能前來）等，於台中山林書院開會。會中筆者曾說：「我一生從未求助任何人，但這一次，我懇求我的學生們，為廢核行腳全力幫忙，因為反核 30 餘年，這是最接近成功的一次……」此次會談冗長的錄音逐字稿，已整理成電子檔存儲。之後，余國信傾全力奔走全國。

22-31.20136.27 筆者應邀前往中央研究院歷史語言研究所專題演講環境教育與土地倫理議題，並呼籲反核。圖左為黃文宏先生；右為黃銘崇副研究員。

22-30.2013.6.26 會談人，前坐者筆者（左）、李根政（右）；後立者由左至右依序為蔡智豪、余國信、蔡嘉陽、廖本全（台中）。

22-32.2013 年 7 月 5 日，筆者前往王功，為「彰化環保聯盟」成立 25 週年募款餐會演講，並為行腳預告。左起：施月英、蔡嘉陽及筆者。

22-33.2013 年 7 月 12 日，筆者前往嘉義市為「嘉義廢核聯盟成立大會」作專題演講及捐書募款活動。圖左起：紀有德老師、筆者、鄭書勉女士、余國信。

22-34.2013 年 7 月 14 日筆者新書《蘇府王爺》出版，攜之前往台南果毅後拜祭陳永華參軍英靈，並祈禱庇護台灣山河大地、驅除惡靈！

22-35.2013.7.16 筆者前往台南，拜訪葉菊蘭女士，邀請其為反核等發聲。圖左起：葉菊蘭女士、陳月霞女士、蘇振輝董事長。

22-36.2013.7.20 蔡智豪先生辦親子營隊，鼓吹反核，筆者前往大肚國小為家長上課 2 天，期能喚醒若干反核意識。

22-37.2013 年 6 月 24～31 日，筆者辦理山林書院台北營隊，假台大霖澤館密集上課，期能多喚醒環境生態意識生力軍。圖為 7 月 25 日王小棣導演前來授課。左起陳月霞女士、霍榮齡女士、王小棣導演及筆者。

22-38. 山林書院台北營隊邀請葉菊蘭女士專題演講並座談。左起：陳月霞女士、葉菊蘭女士、廖本全教授(2013.7.27；台大霖澤館)。

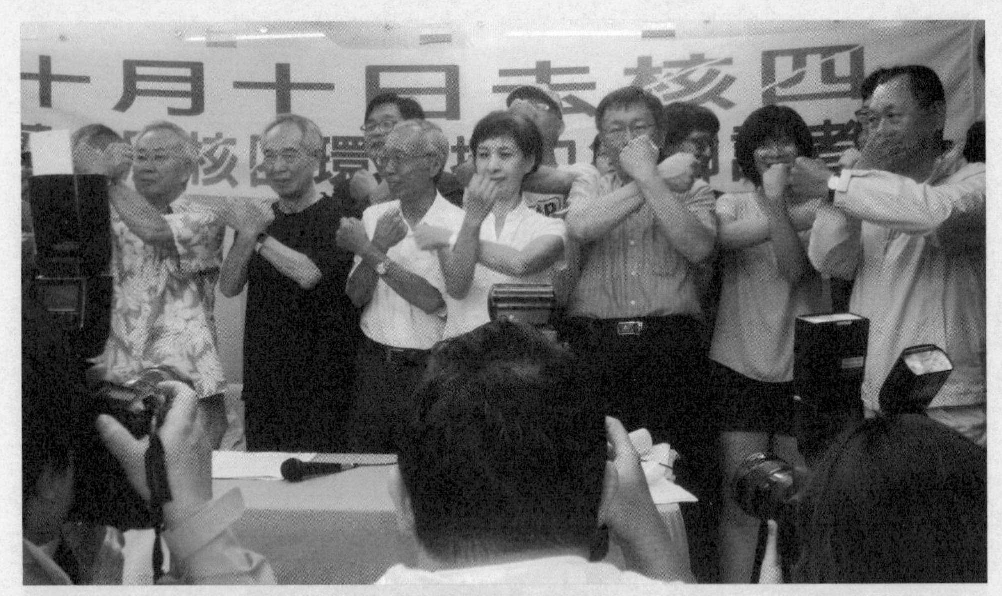

22-40.2013 年 8 月 29 日廢核接力行腳啟動記者會反核手勢。

22-39. 山林書院台北營隊於阿里山野外課出發解說，但願接受土地山靈加持後，多多產生反核義人 (2013.7.31)。

22-41.2013.8.29 記者會上的施信民教授、李卓翰先生(台北市)。

22-42-2. 來賓賀立維博士在會議前介紹自己及反核內容 (2013.9.6；台北市)。

22-42-1.2013 年 9 月 6 日，余國信召開廢核行腳台北工作會議，指定筆者一定得參加。圖左起：高清南先生、余國信先生、陳裕琪小姐(台北市)。

22-43.2013.9.6 行腳台北工作會議上，姚立明教授前來小坐後離去，未曾發言(台北市)。

22-44. 史英教授(右)於 2013 年 9 月 7 日前來筆者(左)寒舍討論廢核行腳。

22-45. 方儉全家人於 2013 年 9 月 9 日前來筆者家中話家常，並關懷行腳乙案。左起：陳月霞、方儉、方欣、何亞威(台中市)。

22-46. 筆者於 2013 年 9 月 14 日前往高雄橋頭白屋，列席高屏行腳工作會議，立者主持人藍美雅老師。

22-47. 南台朋友的熱誠、單純、獻身的情懷，讓人留下深刻的感受。圖右為蔣耀賢先生發言 (2013.9.14；橋頭)。

22-48.2013 年 9 月 15 日，方儉為行腳各青壯領袖整合，特定南下台中山林書院主持溝通會議。左起：余國信、李根政、方儉、陳秉亨、筆者及蔡嘉陽，而蔡智豪因演講先行外出。

22-49.2013 年 9 月 16 日，筆者前往雲林麥寮演講反核議題。主持人林新丁縣議員（帶領帶者），夥同曹偉豪工作團隊及筆者合影。

22-50.2013 年 9 月 24 日，廢核行腳主事團隊前來台中召開工作會議，左起（站立者）：林信輝、李卓翰、余國信、潘翰聲、曹偉豪、蔡智豪；左起（前坐）：筆者、高清南、鄭書勉。

22-51.2013 年 9 月 27 日，筆者前往中興新村擔任中興學術講座，並宣導廢核。

22-52.2013 年 9 月 27 日夜間，筆者前往梅峯台大農場，為山林書院學員再度宣說廢核議題，並於 9 月 28 日早上，應邀參加民進黨成立 27 週年慶，上台談廢核。圖為民進黨慶主題「綠色新政新台灣；全民共識齊反核」。

22-53.2013 年 10 月 1 日，筆者前往新北市貢寮區福隆，口訪鹽寮反核自救會耆老，圖左起：楊貴英女士、吳玉華女士、林明生先生，吳文樟先生、簡定英先生。

22-54.2013.10.1 筆者口訪鹽寮反核自救會耆老後，帶著沉重的心情返台中。圖為回程高速公路時速 110 公里拍攝的黃昏，恰似心情寫照。

22-55.2013 年 10 月 2 日筆者前往交通大學演講，並宣導反核；10 月 5 日前往鹿港鹿耕講堂，演講從土地到世代正義、反核議題。圖左為邀請人林俊臣先生。

22-56.2013.10.10，貢寮鄉核四廠前廢核行起站，左為余國信，右為李卓翰。

22-57.2013.10.10 行腳啟程典禮中，筆者招待呂前副總統秀蓮（貢寮核四廠前）。

22-58. 回首反核 33 年前塵往事，但看今朝（2013.10.10；行腳啟程）。

22-59. 從青絲到白髮，多少台灣人與筆者一樣，不忍母親母土、子子孫孫蒙受曠古未有的鉅災，螳臂擋車、死而不已！明知一切但妄相，但如何讓台灣人「知影」？如何讓喪盡天良的邪魔回頭了悟？(2013.9.6；搭高鐵前往台北開會)。

22-60. 在筆者終將歸去之前，還是得為共業，了盡匹夫的基本責任啊！(關仔嶺碧雲寺前的二元幻象；2013.5.22)。

23.

悶！

陳玉峯

自從 10 月 10 日廢核接力行腳在貢寮啟程，我在 11 日深夜回到台中以後，開始整理拜會林義雄先生的錄音，轉成逐字稿後，撰成文稿一篇，另撰其他短文二篇，並著手挑照片，寫序文、編輯接力行腳的第一本書《民國廢核元年》，至 10 月 26 日止，多虧智豪等幫忙，總算順利完稿，而於 10 月 27 日寄給出版社，另也製作一張廢核行腳主訴求的文宣（傳單），期能對喚醒全民廢核意識暨行動，產生些微的助力。

這半個月時日，說忙未必，說閒實苦，內心最繫念者，行腳朋友們的進程，以及行腳大義及其內涵能否感染、激發偏遠地區人們的警覺心等等。或許是我的期許陳義不合時宜，此間撥接的電話、傳訊、調節等等，超過我近七年來的任一時段，幾位青壯朋友們賦予我「成長」的機會，我學習到不少心念的焠煉！套用林義雄先生常掛在嘴邊的話：「我做的不夠多！」「這問題很大，我實在不知影！」

此間，我到斗六演講一場，看了一次中醫，方儉、陳秉亨、黃勵爵、廖清校等友人分別來訪，我下廚及外食的次數各半，可以說，是古人所謂的「境愈閒而心益苦」！於是，我選擇了一個下午逛逛黃昏市場，看看琳瑯滿目、五顏六色的蔬果，聽聽尋常買賣的對話，品味市井小民生活的喜樂與哀愁，特別是看見小孩的容顏，我心常不由自主地歡喜起來，也為街角一位少婦正與小女孩賭氣的一幕，佇足遠觀。反正最後是小女孩嚎啕大哭，硬是被少婦連拖帶拉地揪走。我心有點痛，但非廉價「同情」，世間恆如是，我只能壁上觀(壁虎眼中的世界煞是有趣吧?!)。

於是，我又回復海闊天空，我必須再度準備下一場場演講的內容。愈是簡短五分鐘、十分鐘的「致辭」，愈是棘手艱困，只因我在乎善盡當下最可能的盡責、盡力，雖然一生的演講經驗教我瞭解，頻常是沒人在乎你曾經說過什麼，而且，我們一生最多的語言，跟街頭巷尾的貓叫、狗吠雷同。即令如此，我還是得在「苦」中榨出一點「閒」，而「閒」的常態就是「沒事」。

24. 神與魔反核論

2013年10月26日中午，公視播出德國建核、反核、廢核的過程，以及現今的廢核共識，所有政黨一律奉行，乃至於他們在綠能產業的發展等。片尾講北京話的德國人，還呼籲台灣不要重蹈德國覆轍，花太多時程在討論、辯論技術性議題，而不能早日釐訂長遠的能源總政策。我邊看邊哭！

看完該節目，我心悲愴。多少年了，我的想法、構思與今之德國思潮幾乎完全一致，而長年來不斷呼籲台灣能否超越黨派、跨越世代，制訂永世國土計畫暨世代環境政策（無論任何政黨執政，不管誰當總統、行政院長，皆該永世奉行），並全力發展綠能產業。我拜訪了各級要員、曾經的國家領袖、宗教大師、政黨菁英，乃至於所謂的環保人士不知凡幾，絕大多數他們都回答我：「好」，然後，無聲無息。

明明誰都知道，全世界所有計算核電的發電成本，根本沒算進善後處理的天文代價，為何2013年台灣還耗費龐大的無聊，在討論核能發電成本一度幾塊錢？明明知道，核魔債留子孫，危機凌駕有史以來所有的人為環境災難，為何 40 年來還在相信台電的天大謊言？為什麼台灣這等匪類政權，奸佞台電還可以吃香喝辣、吃定全民與世代？更將整個台灣生界一步步推向地獄深淵？

哀莫大於心不死（我講了 2、30 年矣！），所以廢核行腳的主訴求，我列出 5 大項：

1. 立即廢核四！核一、二、三儘速除役！
2. 尋求國際合作，限期清核廢，還我無核汙環境！
3. 限期制訂永世國土計畫暨世代環境政策，無論任何政黨執政，不管誰當總統、院長，皆該永世奉行！
4. 全力發展綠能產業，解散怪獸電力公司！
5. 立即修訂鳥籠公投法，還我有效直接民權！

也就是說，還是得繼續講。

地球生命演化了二、三十億年，發展到今天的所謂人類，儘管抽象能力、智慧已臻化境，但整體心智似乎相去動物仍然不遠，甚至於我懷疑「二元對立」（例如善惡、對錯、黑白……）就是最原本的獸性 ?! 神魔本來就是同一個東西，否則怎會有人不斷地製造核電這類型產品，用來誘惑並終結人類呢 ?! 難怪古人曾經質疑所謂的神或上帝：如果不是上帝不想除惡，就是上帝不是萬能；如果上帝是萬能，則顯然祂是惡毒的神，否則世界上怎可能存在萬惡如核電呢 ?!

只有一種可能最實在，神即人心。任何人必須在內心及行為，實踐人性普遍承認的善、真、美，從而挺身對抗世間存在的惡魔。我堅信，如果宗教信仰承認有所謂的神、是非或一切二元對立的觀念，則有宗教歸依，或有特定信仰的人若不反核，殆即承認自己就是邪魔！

【台灣經典寶庫】06

荷鄭台江決戰始末記

被遺誤的台灣

FC06／揆一著／甘為霖英譯／許雪姬導讀／272 頁／300 元

荷文原著 C.E.S《’t Verwaerloosde Formosa》(Amsterdam, 1675) 英譯 William Campbell《Formosa Under the Dutch》(London, 1903)

※ 特別感謝：本書承棉品實業股份有限公司董事長
洪清峰先生認養贊助出版。

350 年前，荷蘭末代台灣長官揆一率領 1 千餘名荷蘭守軍，苦守熱蘭遮城 9 個月，頑抗 2 萬 5 千名鄭成功襲台大軍的激戰實況

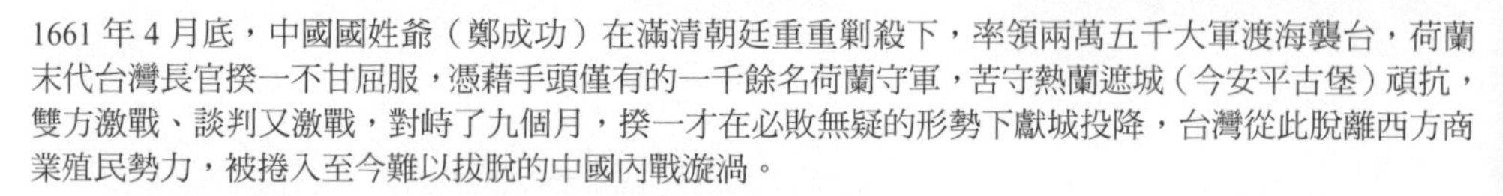

350 年前，台灣島上爆發首次政權攻防戰

1661 年 4 月底，中國國姓爺（鄭成功）在滿清朝廷重重剿殺下，率領兩萬五千大軍渡海襲台，荷蘭末代台灣長官揆一不甘屈服，憑藉手頭僅有的一千餘名荷蘭守軍，苦守熱蘭遮城（今安平古堡）頑抗，雙方激戰、談判又激戰，對峙了九個月，揆一才在必敗無疑的形勢下獻城投降，台灣從此脫離西方商業殖民勢力，被捲入至今難以拔脫的中國內戰漩渦。

千夫所指的揆一，忍辱寫下這本台灣答辯書

揆一率領部眾返回巴達維亞後，立即遭起訴，被判處死刑、財產充公，最後改判終身監禁在僻遠小島 Ay，在島上度過八年悲苦的流放歲月後，才在親友奔走下獲得特赦，返國前夕（1675 年），揆一以匿名形式出版本書，替自己背負的喪失台灣之罪名，提出最鏗鏘有力的答辯書，更為這場決定台灣命運的關鍵戰役，留下不朽的歷史見證。

絕無僅有的珍貴文獻，再現荷蘭殖民當局的苦惱與應對

本書是第一手文獻中唯一以這場戰役為主題的專著，從交戰一方荷蘭統帥揆一的角度，完整敘述戰爭爆發前夕的整體情勢，以及雙方交戰的實際經過，透過這一敘述，讀者不僅可以清楚瞭解島上荷蘭當局所面臨的困難與決策過程，也能跳脫習慣上從中國鄭成功角度所看到的「收復」台灣，改從島上荷蘭長官的立場來認識鄭成功「攻台」的始末。

藉揆一之筆，我們窺見台灣先祖的隱約身影

站在當時島上最高統帥揆一身旁，我們隨著他的眼光四下梭巡，看見早期台灣人的身影：兵荒馬亂下，富裕、有名望的漢人移民各自選邊站，有人向荷蘭長官密告，有人對國姓爺通風報信，沒錢沒勢的漢人移民則隨風飄蕩，或是逃回中國，或是留下來拚命保全畢生心血；原住民則在威脅利誘下，淪為島上強權的馬前卒，時而幫荷蘭人鎮壓漢人起義，時而替漢人攻打落難的荷蘭人，台灣最初主人的地位與尊嚴蕩然無存。

歷久彌新的經典，唯一流通的漢文譯本

本書目前有德、法、日、英、漢等語的譯本；其中，英譯本有三種，日譯本也有三種，漢譯本則有四種。今年適逢 1662 年荷蘭人撤離福爾摩沙、國姓爺攻佔台灣的 350 周年，前衛出版社特推出《被遺誤的台灣》的第五種最新漢譯本，並委請中央研究院台史所研究員許雪姬教授撰寫導讀，以彰顯本書的不朽經典地位，讓這本與台灣命運密切相關的書籍，得以漢譯本的面貌重新在島上流通。

【台灣經典寶庫】07

李仙得台灣紀行

南台灣踏查手記

FC07 ／李仙得著／黃怡漢譯／陳秋坤校註／ 272 頁／ 300 元

原著李仙得 Charles W. LeGendre《Notes of Travel in Formosa》（1874）
校註者 / 陳秋坤（史丹福大學博士、中研院台史所研究員退休）

※ 特別感謝：**本書承財團法人世聯倉運文教基金會董事長黃仁安先生認養贊助出版。**

財團法人世聯倉運文教基金會近年持續投入有關蒐集及保存早期台灣文獻史料的工作。機緣巧合下，得知前衛出版社擬節譯李仙得原著《台灣紀行》(Notesof Travel in Formosa , 1874) 第 15~25 章，首度以漢文形式出版，書名定為《南台灣踏查手記》。由於出版宗旨與基金會理念相符，同時也佩服前衛林社長堅持發揚台灣本土文化的精神，故參與了本書出版的認養。

希望這本書引領我們回溯過往，從歷史的角度，進一步認識我們的家鄉台灣；也期盼透過歷史的觀察，讓我們能夠以更客觀、更包容的態度來面對未來。

財團法人世聯倉運文教基金會　董事長 黃仁安

19 世紀美國駐廈門領事李仙得，被評價為「可能是西方涉台事務史上，最多采多姿、最具爭議性的人物」

李仙得在 1866 年底來到中國廈門，其領事職務管轄五個港口城市：廈門、雞籠（基隆）、台灣府（台南）、淡水和打狗（高雄）。不久後的 1867 年 3 月，美國三桅帆船羅發號（Rover）在台灣南端海域觸礁失事，此事件成為關鍵的轉折點，促使李仙得開始深入涉足台灣事務。他在 1867 年 4 月首次來台，之後五年間，前後來台至少七次，每次除了履行外交任務外，也趁機進行多次旅行探險，深入觀察、記錄、拍攝台灣社會的風土民情、族群關係、地質地貌、鄉鎮分布等。1872 年，李仙得與美國駐北京公使失和，原本欲過境日本返回美國，卻在因緣際會之下加入日本政府的征台機構。日本政府看重的，正是李仙得在台灣活動多年所累積的縝密、完整、獨家的情報資訊。為回報日本政府的知遇之恩，李仙得在 1874 年日本遠征台灣前後，撰寫了分量極重的「台灣紀行」，做為獻給當局的台灣報告書。從當時的眼光來看，這份報告絕對是最權威的論述；而從後世台灣人的角度來看，撇開這份報告背後的政治動機不談，無疑是重現 19 世紀清領時代台灣漢人地帶及原住民領域的珍貴文獻。

李仙得《南台灣踏查手記》內容大要

李仙得因為來台交涉羅發號事件的善後事宜（包括督促清兵南下討伐原住民、與當地漢番混生首領協商，以及最終與瑯嶠十八番社總頭目卓杞篤面對面達成協議等），與當時島上的中國當局（道台、總兵、知府、同知等）、恆春半島的「化外」原住民（豬勝束社頭目卓杞篤、射麻里頭目伊厝等）、島上活躍洋人（必麒麟、萬巴德、滿三德等）及車城、社寮、大樹房等地漢人混生（如彌亞）等皆有親身的往來接觸。這些經歷，當然也毫無遺漏地反映在李仙得「台灣紀行」之中。

它所訴說的，就是在 19 世紀帝國主義脈絡下，台灣南部原住民與外來勢力（清廷、西方人）相遇、衝突與交戰的精彩過程。透過本書，我們得以窺見中國政府綏靖南台灣（1875，開山撫番）之前的原住民社會，一幅南台灣生活的生動影像。而且，一改過往的視角，在中國政府與西方的外交衝突劇碼中，台灣原住民不再只是舞台上的小道具，而是眾人矚目的主角。

【台灣經典寶庫】出版計畫

台灣人當知台灣事，這是台灣子民天經地義的本然心願，也是進步台灣知識份子的基本教養。只是一般台灣民眾對於台灣這塊苦難大地的歷史認知，有人渾然不覺，有人習焉不察，而且歷史上各朝代有關台灣史料典籍汗牛充棟，莫衷一是，除非專業歷史研究者，否則一般民眾根本懶於或難於入手。

因此，我們堅心矢志為台灣整理一套【台灣經典寶庫】，留下台灣歷史原貌，呈現台灣山川、自然、人文、地理、族群、語言、政治、經濟、社會、文化、風土、民情等沿革演變的真實記錄，此乃日本學者所謂「台灣本島史的真精髓」，正可顯現台灣的人文深度與歷史厚度。

做為台灣本土出版機關，【台灣經典寶庫】是我們初心戮力的出版大夢。我們相信，這套【台灣經典寶庫】是恢弘台灣歷史文化極其珍貴保重的傳世寶藏，是新興台灣學、台灣研究者必備的最基本素材，也是台灣庶民本土扎根、認識母土的「台灣文化基本教材」。我們的目標是，每一個台灣人在一生當中，至少要讀一本【台灣經典寶庫】；唯有如此，世代之間才能萌生情感的認同，台灣文化與本土意識才能奠定宏偉堅實的基石。

目前已出版

福爾摩沙紀事：馬偕台灣回憶錄

FC01／馬偕著／林晚生譯／鄭仰恩校註／384頁／360元

田園之秋(插圖版)

FC02／陳冠學著／何華仁繪圖／全彩／360頁／400元

素描福爾摩沙：甘為霖台灣筆記

FC03／甘為霖著／阮宗興校訂／林弘宣等 譯／424頁／400元

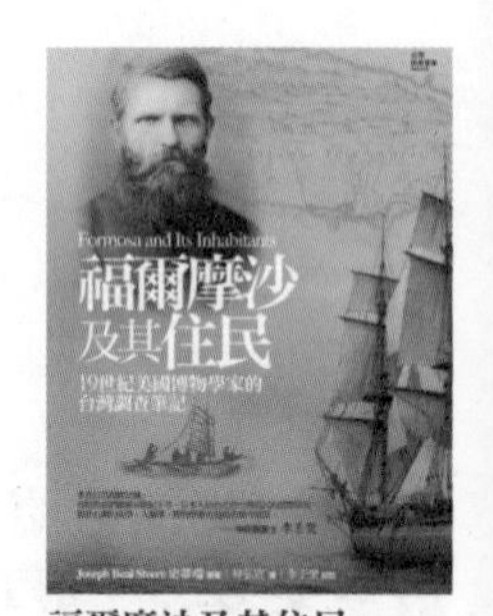

福爾摩沙及其住民－19世紀美國博物學家的台灣調查筆記

FC04／史蒂瑞著／李壬癸校訂／林弘宣譯／306頁／300元

歷險福爾摩沙：回憶在滿大人、海賊與「獵頭番」間的激盪歲月

FC05／必麒麟著／陳逸君譯／劉還月導讀／320頁／350元

被遺誤的台灣：荷鄭台江決戰始末記

FC06／揆一著／甘為霖英譯／許雪姬導讀／272頁／300元

南台灣踏查手記：李仙得台灣紀行

FC07／李仙得著／黃怡漢譯／陳秋坤校註／272頁／300元

即將出版：《蘭大衛醫生媽福爾摩故事集：風土、民情、初代信徒》

進行中書目：井上伊之助《台灣山地醫療傳道記》（尋求認養贊助出版）

甘為霖 (William Campbell)《荷治下的福爾摩沙》（尋求認養贊助出版）

黃昭堂《台灣總督府》（尋求認養贊助出版）

王育德《苦悶的台灣》（尋求認養贊助出版）

山本三生編《日本時代台灣地理大系》（尋求認養贊助出版）

【精裝套書】

台灣受虐症候群

Z138A ／埔農著／ 912 頁／ 1000 元

近百年前，台灣先賢蔣渭水醫生早早診斷出台灣人普遍患有「智識的營養不良症」。如今，黨國教育成功，功名教育普及，卻也造就了一堆頭殼壞掉、沒有心肝靈魂的所謂知識份子，因為台灣人已普遍俱是「受虐症候群患者」。

「台灣受虐症候群」，輕症者不知不覺中被洗腦灌屎、被庸俗化、被呆奴化，習以為常下，一旦沒人管、沒人懲治，就感覺不習慣、不舒服。重症者甘願認賊作父，感恩戴德施虐者，並且愛屋及烏，自己喜歡受虐，也強要別人一起受虐。他們美化、神化統治階層，拜鬼為神，甚至為虎作倀，附和權勢集團，反過來施虐施暴其他人。本書告訴你，台灣族人曾經擁有人類最早開化的先進文明，卻因生性溫和、物產豐富，近五百年來不斷遭外族入侵、蹂躪，最後在 20 世紀染上外來蔣幫壓霸集團及其餘孽陰狠煉製的「台灣受虐症候群」而無法自拔，終致神智不清、心靈頹壞，是非不分，價值錯亂。

本書還原已被捏造、委屈的歷史真相，同時也揪視檯面上檯面下政客們 (包括民進黨) 的心悸！

您想瞭解這些「台灣受虐症候群」是如何被陰謀煉製、如何影響今日台灣人民的心靈嗎？

請看《台灣受虐症候群》

上冊提要

1. 歷史證據：台灣被摧毀的史實，被捏造的歷史
2. 人魔秘傳：蔣介石的出生、成長與吸血壯大 (1887-1943)
3. 嗜血餓虎初聞肥羊：《台灣報告書》(1943)
4. 侵入台灣：欺、壓、搬、偷、搶、殺 (1945-49)
5. 煉製「台灣受虐症候群」：把中國難民家奴化，把台灣人民呆奴化 (1950-77)
6. 追殺異議：美麗島事件、林家血案、陳文成事件 (1977-81)
7. 蔣經國臨死前的驚悚與來不及的救贖 (1984-88)
8. 驚濤駭浪中，李登輝把台灣帶向民主化 (1988-2000)
9. 民進黨意外地過早執政 (2000)

下冊提要

1. 台灣平民當選台灣總統，引發猛爆型「中國躁鬱症」(2000)
2. 得意忘形：「台灣受虐症候群」毒化下的民進黨聞達人士 (2000-01)
3. 新黨的反撲：重症「中國躁鬱症」與精神分裂症 (2001-02)
4. SARS 陰謀：絕對讓台灣焦頭爛額 (2003)
5. 2004 總統大選：台灣人的兩難
6. 兩顆子彈：陳水扁死裡逃生，再遭惡質消費 (2004)
7. 「台灣受虐症候群」猛烈延燒：宗教、教育、醫療、司法全面沉淪實錄
8. 國民黨大舉銷贓 (2005)
9. 紅潮之亂 (2006)
10. 毫不掩飾的馬腳：九大毒浪襲台 (2007)
11. 2008 年 5 月 22 日，台灣更不像一個國家了
12. 馬英九的保釣真面目
13. 馬腳下的呆奴教育
14. 馬英九在國際上發佈賣台訊息，同步著手毀台工作
15. 抹黑入罪，司法追殺，以陳水扁的血水，腥臭全體台灣人民
16. 蔣幫壓霸集團的一貫咒語：千錯萬錯，都是台灣人的錯
17. 覺醒吧，台灣人！

作者簡介 埔農

生長在台灣傳統農家，不受虛榮左右，不為名利妥協，本著仔細觀察、小心求證的精神，見證台灣人民五、六十年來受脅迫、誘騙、洗腦所產生的質變，不由憂心忡忡。既然在檯面下默默為復甦台灣心靈而努力的成效不佳，只好挺身奮起，盼以直筆諍言喚醒台灣普羅大眾，希冀台灣人能明白真正的台灣史實，心靈復甦，台灣自救才有望！

埔農新書即將出版

《失落的智慧樂土：台灣原本文明思想起》

本書透過姜林獅先生的口述及相關歷史文獻，帶您認識這個遭外來政權摧毀、被後代子孫遺忘的台灣初始文明！

鍾年晃《我的大話人生》

「大話新聞」停播始末 & 我所認識的鄭弘儀

NC83／鍾年晃著／192 頁／200 元

上市 30 天，暢銷 1 萬本。

「大話」已經結束，歷史正要開始！
鄭弘儀不能講的，就讓鍾年晃來幫他說！！
蔡英文、鄭弘儀、馮光遠、黃國昌 專文推薦

真相追追追

號稱「台灣人的電視台」的三立，為何突然停播最受歡迎的「大話新聞」？真是因為收視率考量？或主持人倦勤？本書告訴您，幕後另有隱情！
向來穩居政論節目收視率冠軍的「大話新聞」，為什麼突然停播，真是因為收視率考量？主持人倦勤？或其他種種陰謀傳聞？……. 不必猜了，鍾年晃這本書告訴您，幕後另有隱情！而且疑雲重重！
你怪奇一個台灣人沒看睡不著的節目為什麼忽然被硬生生卡掉嗎？
是的，你一定想知道其中必有緣故，但是你不一定知道，這就是我們台灣的媒體生態，中國已巧巧悄悄伸進了鬼影魔爪！

政治　A8
北京暗示處理《大話》
鍾年晃指「捨鄭弘儀 進中國」三立全盤否認
三立《大話新聞》停播事件

Ko Bunyu
辛亥民國一百騙：你有所不知的真正精彩一百

NC76／黃文雄（Ko Bunyu）著／360 頁／350 元

你一向都被黨國騙了嗎？
讀本書，包你恍然大悟！

在台灣或整個華文世界，有關辛亥百年的歷史敘述，大都偏離史實太遠，幾近滿紙謊言者也不少。尤其台灣在國民黨黨化教育下，辛亥建國的「歷史常識」更是離譜，膨脹吹噓、無中生有、移花接木、神格化塑造，擺明的就是「瞞者瞞不識」。
本書一反你常聽到或讀到的八股黨國史說，以更貼近歷史事實的史實考證，一一揪出自武昌起義、中華民國建國、孫文革命、蔣家神話、國父遺毒……林林總總的一百騙，讓人感覺猶如一齣歷史的荒唐劇。好好讀，你必恍然大悟！你要執迷不悟，那也是你的事！

福島核災啟示錄：假如 311 發生在台灣……

NC77／高成炎 主編／336 頁／350 元

2011 年《Nature》雜誌公佈全球最危險的三座核電廠，台灣就佔了兩座，而且台灣還擁有世界最高密度、最恐怖的沒法處理的核廢料……

萬一有朝一日，台灣能怎麼辦？

台灣核電廠密度居世界之冠，最要命的，四座核能電廠全部建在海邊活斷層地震帶，萬一來個大地震和海嘯，以台灣核電廠脆弱的建築技術，及人謀不臧的防護管理機制，誰能保證不會有核電廠爆炸而致輻射外洩的可能？到時，就是預言小說家宋澤萊所描述的《廢墟台灣》了！

山災地變人造孽：21 世紀台灣主流的土石亂流

NC79／陳玉峯・李根政・楊俊朗・楊國禎合著／336 頁／350 元

在政府蓄意土地開發、胡搞「全民造林」，
產、官、學、山龍、地鼠聯手配合橫行下，
台灣山林被摧毀殆盡，土石流於焉產生……
台灣這片自然土地山林，是 250 萬年來老天所賜最大的恩典，自始就是個美麗傲岸的存在。

但在「大有為」政府蓄意開發、利用土地，產、官、學、政、商聯手橫行下，台灣山林被活剝支解，國不在，山河破……，而明明是禍害台灣的產官學共生共犯亂流，竟堂堂成為台灣社會的主流，哀哉。

祈禱台灣人，「亂世如意」！

玉峯觀止：台灣的自然、宗教與教育

NC78／陳玉峯著／400 頁／450 元

本書是陳玉峯 2011 年的思考文集，他分別從自然、宗教與教育去體現台灣文化。陳玉峯是享譽學界的保育草根鬥士，經過多年的生態研究和環保工作並小有所成後，他將自然界教給他的進一步提升到宗教與教育，並以他的如椽筆寫下台灣最初的良知，期許台灣重回基本，把一切回歸「自然」。

陳玉峯的思緒如茶，入口雖苦澀，愈品卻愈回甘。跟著他的視野，可去除台灣文化的顯性盲點，進而發掘台灣未知的迷人的韻味。

台灣素人：宗教、精神、價值與人格

NC80／陳玉峯著／528 頁／500 元

自 2011 年起，作者陳玉峯期待任何台灣人與草根基層，大家一齊來合撰「台灣人誌」，在此先行訪談了四位素人，他們分別為自在自得的郭自得先生、陽光開朗的文化企業家楊博名先生、講究醫療美學的黃文龍醫師以及泛觀音信仰的許淑蓮女士。從個案當中，陳玉峯不僅試圖逐次勾勒出台灣人內秀於心的精神與人格，找回經由「草根善行」所啟發的台灣人文特徵。藉由訪談，同時也梳理自身過往的歷史。

除了人物撰寫之外，對於形塑台灣「無功用行」的文化原理，及台灣的宗教信仰、價值系統，台灣精神人格及其文化底蘊，本書皆有精闢的探討。

宗教學暨神話學入門

NC81／董芳苑著／448 頁／400 元

本書共分為兩個部份，第一部是「宗教學入門」。除了介紹宗教學的發展過程、種種的宗教定義、起源與研究分類外，也探討關於人類的「宗教現象」與其研究方法。第二部是「神話學導論」。除了介紹神話學與發展過程，也對中國神話與史學，特別是俗文學的研究做了一番探討。除此之外，本書有多位中外哲學家、人類學家與作家對宗教及神話所下的解釋，不僅使讀者擴展視野，也使得讀者有機會藉其研究方法，來檢視自己對於宗教與神話的觀點或信念。或許更可以藉由此書的啟發，來增進對於「宗教學」與「神話學」的瞭解。

臺灣改造經濟學：經濟在臺灣民主化過程的角色

NC82／彭百顯著／320 頁／350 元

旗幟升天　號角響起　揮師進擊　經濟導航

本書是臺灣極少數經濟學者投身反對運動的歷史影碟，係作者選錄民主進步黨創黨後到執政之前五年這段期間的一部分代表性之言論文獻，是他於臺灣完成現代化之前所播撒民主思想理念的歷史軌跡，由本書亦可瞭解他對臺灣民主化過程的努力以及經濟救國的條件與能力。與一般政治運動非常不同的是，全然皆從經濟角度深入社會耕耘臺灣民主化的稀奇異數，值得關心臺灣者之回顧與觀察。

民國廢核元年

——廢四核、清核廢，全國接力行腳(一)

策　　劃　山林書院
輯 著 者　陳玉峯、陳月霞
打字、校稿　蔡智豪、吳學文、郭麗霞
攝　　影　陳玉峯
責任編輯　番仔火
美術編輯　Nico
出 版 者　台灣本鋪：前衛出版社
10468台北市中山區農安街153號4樓之3
Tel：02-25865708　Fax：02-25863758
郵撥帳號：05625551
e-mail：a4791@ms15.hinet.net
http://www.avanguard.com.tw
日本本鋪：黃文雄事務所
e-mail：humiozimu@hotmail.com
〒160-0008日本東京都新宿區三榮町9番地
Tel：03-33564717　Fax：03-33554186
出版總監　林文欽　黃文雄
法律顧問　南國春秋法律事務所林峰正律師
總 經 銷　紅螞蟻圖書有限公司
台北市內湖舊宗路二段121巷28.32號4樓
Tel：02-2795-3656　Fax：02-2795-4100
出版日期　2013年11月初版第一刷

定　　價　新台幣300元

Printed in Taiwan　ISBN 978-957-801-726-9

國家圖書館出版品預行編目(CIP)資料

民國廢核元年：廢四核、清核廢,全國接力行腳 / 陳玉峯, 陳月霞輯.著. -- 初版. -- 臺北市：前衛, 2013.11
288面；15×21公分
ISBN 978-957-801-726-9(第1冊：平裝)
1.反核 2.核能
449.1　　102023078